·高等学校教材·

材料化学实验

CAILIAO HUAXUE SHIYAN

李善忠　主编

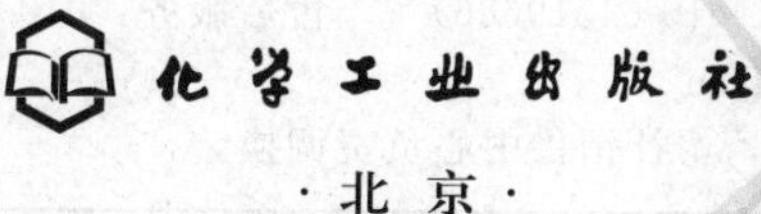

·北京·

本书介绍了金属材料、无机非金属材料、纳米材料、高分子材料等材料化学实验的基本知识、相关原理、实验技术和研究方法。全书共43个实验，每个实验都详细地列出了实验目的、实验原理、实验仪器及药品、实验步骤、注意事项，以及实验开拓与创新、思考题。其中既有经典的实验，也有一些反映学科前沿的新技术、新方法和新成果的新型实验。本书内容丰富，理论与实践相结合，简明易懂，实用性强，可作为高等院校材料化学专业师生的教学用书，也可作为从事材料生产的技术人员及其他涉及材料化学实验领域的研究人员的参考用书。

图书在版编目（CIP）数据

材料化学实验/李善忠主编. —北京：化学工业出版社，2011.5（2016.10重印）

高等学校教材

ISBN 978-7-122-10674-2

Ⅰ.材… Ⅱ.李… Ⅲ.材料科学-应用化学-化学实验 Ⅳ.TB3-33

中国版本图书馆CIP数据核字（2011）第034859号

责任编辑：杨　菁　　文字编辑：徐雪华

责任校对：宋　玮　　装帧设计：韩　飞

出版发行：化学工业出版社（北京市东城区青年湖南街13号　邮政编码100011）

印　　刷：北京云浩印刷有限责任公司

装　　订：三河市瞰发装订厂

787mm×1092mm　1/16　印张9　字数209千字　2016年10月北京第1版第2次印刷

购书咨询：010-64518888（传真：010-64519686）　售后服务：010-64518899

网　　址：http://www.cip.com.cn

凡购买本书，如有缺损质量问题，本社销售中心负责调换。

定　　价：21.00元

前　言

创新型应用人才的培养，日益成为社会各界的共识。随着高等教育对创新型应用人才培养模式的不断探索，实验教学越来越受到广泛关注和重视。教育部的高等学校实验教学示范中心建设工作，省教育厅的高等学校基础课实验教学示范中心建设工作，各高等学校对实验室资源的整合，都在引导促进优质实验教学资源的整合、优化和共享，都在大力提高大学生的自学能力、实践能力和创新能力。这为创新型应用人才的培养，建立了良好的硬件条件。各相关高等学校在对实验硬件改进的同时，对实验教材也都进行了修改和补充，并不断创新。新教材注重传统实验与现代实验的融合，注重实验与科研、与工程、与生产实践应用的融合，因而富有改革特色，适应了社会经济发展对人才培养的新要求。

进入新世纪以来，社会经济快速发展，新材料产业成为三大新兴支柱产业之一。社会对材料专业人才的需求量越来越大，越来越多的高等学校开设了金属材料专业、无机非金属材料专业、高分子材料科学与工程专业、复合材料等专业。材料科学由材料化学、材料物理和材料工程三大基石组成，材料化学涉及材料的组成、结构、性能、制备和加工方法等。在高等学校对材料类专业人才的培养中，材料化学实验，作为重要的实践教学环节，对大学生的实践技能和创新能力的培养起到至关重要的作用。在深化实验教学体系改革的形势下，为使材料化学实验教材更加适应材料类专业的发展和社会发展的需要，为使其更加有利于学生的自学能力、实践能力和创新能力的培养，编者对本教材的编写尝试加入创新思维的视角，以期获得更好的实践教学效果。

本材料化学实验教材整合了近年来相关金属材料、无机非金属材料、高分子化学、纳米新材料、聚合物加工与成型的实验教学经验，通过修改与补充，尝试加入创新思维与自主训练的元素，结合本学科和产业发展的一些新动向，融入编者近年来的科研成果编撰而成。编写本书的目的一方面是为高等院校的材料学科体系的化学实验教学提供教材，另一方面也希望能满足其他读者对材料化学实验技能和研究方法的训练的实际需要。

材料是人类社会进步和文明的标志，是人们日常生活与生产活动的物质基础。材料品种繁多，产量吨位大，应用广泛，经济效益高。现在每年全球生产约 200 亿吨各种材料，以满足全世界 60 亿人的各种需求。所以材料专业人才和许多非材料专业人才都需要了解材料化学的基本知识、实验技能和研究方法。

作为一本实验用书，本书筛选了传统材料的实验内容和研究方法，并融入现代新材料的科研成果和现代实验方法。结合各种材料的实际生产和应用，酌情加入了一些材料生产的原材料成本核算和生产安全因素，对于工业生产一线人员也具有参考意义。第 1 篇金属材料实验包括 6 个实验，由韩桂泉和张晓波老师共同编写；第 2 篇无机非金属材料化学实验包括 6 个实验，由李善忠、徐高扬和营爱玲老师共同编写；第 3 篇纳米材料化学实验包括 7 实验，由宫俊琰、童志伟和张东恩老师共同编写；第 4 篇高分子材料化学实验包括 24 个实验，由李海虹、刘霖、马娟娟、王妍、张所信和张田林老师共同编写，全书由李善忠审定统稿。在每个实验的基本原理、实验步骤之后，分别给出了注意事项、实验拓展与创新和思考题，以帮助读者深入理解与掌握实验内容，并有所拓展有所创新。每章列出详细的参考文献，以便读者做进一步的了解。由于编者经验、能力有限，书中疏漏之处恳求读者批评指正。

编　者

2011 年 1 月

写给读者的话

材料是直接用于制造有用成品的物质，是人类生存与发展、征服自然和改造自然的物质基础，是人类文明的标志。从不断进步的科学技术发展史中可以看到材料的使用与发展的重要性，每发现一种新材料，都将带动科学的发展和技术的革命。世界上现有的材料约有几十万种，其种类还在以每年约5%的速度不断新增。21世纪，科学技术将有更大的发展，材料的开发与制造将显得极其重要。材料、能源与信息技术成为现代文明的三大支柱，已经得到世界各国的公认。在材料科学与工程领域里奋斗的人们，将有着无限的前途。

材料化学是材料学与化学等学科相互渗透而形成的交叉边沿学科，与材料物理和材料工程一起构成了材料学的三大基石。材料化学在分子水平上研究材料的合成与制备理论、分子结构、凝聚态结构、结构与性能关系等，是材料科学发展的基础和学科的核心部分。材料化学既是材料科学的一个重要分支，又是化学学科的一个组成部分，具有明显的交叉和边缘学科的性质，并且具有明显的理论应用性质，在理论和实践上的重要性是不言而喻的。

1　材料化学实验的特点和任务

1.1　材料的现状

材料的分类主要依据是材料的物质结构和材料的功能应用。根据材料的物质结构可以分为金属材料、非金属材料和复合材料。非金属材料又可以分为无机非金属材料和有机非金属材料（也称为合成高分子材料）。因此材料化学实验课程体系，应该包括：金属材料、无机非金属材料、合成高分子材料和复合材料等，对其化学结构和凝聚态结构分析与表征，并完成合成工艺、制备方法、功能性质与应用等教学内容。结合编者近年来科研成果，本书加入了纳米材料的制备与表征实验。

1.2　材料化学实验的特点

1.2.1　实验的概念

“实验”是指为阐明某一现象而创造条件以便观察它的变化和结果的过程，或是指为验证某种科学理论假设而进行的操作活动。“实验”的定义带有验证的含义。

“试验”，是指为察看某事的结果或某物的性能而从事的活动，侧重于表达研究的意思。

“测试”的含义偏重于对材料性能的数值测量。因此在科学研究或生产中，当需要定量确定材料的某些（个）性能时，一般用“测试”来表述。

“检验”则是指用工具、仪器或其他（物理或化学的）分析方法检查材料是否符合规格的过程。工厂对产品的质量进行鉴别和评定时，一般称为产品“检验”。在商品流通过程中对商品的质量进行鉴别和评定时，一般也称为商品“检验”。

由以上分析可见，“实验”一词的含义与“试验”、“阅试”、“检验”等词的含义不同。为论述方便起见，我们将“试验”、“测试”、“检验”等词的含义全部合并到“实验”之中。

1.2.2　材料化学实验的特点

材料化学实验是研究材料组成、合成方法、制备工艺和材料性能测试方法的实践教学课程。材料化学实验包括金属材料、无机非金属材料、合成高分子材料和复合材料、纳米材料等，其研究内容十分广泛，具有以下特点：

① 与科学研究和生产实践紧密结合。科学技术的不断发展，各行各业对材料性能要求的提高，促进了各种新材料的研究、开发和生产。在材料的研究与开发中，新材料的分子设计和功能设计，最终通过实验制备完成。通过测试获得新材料的性能数据，判断其是否满足应用要求，如果不满足，则继续进行设计与测试。有时为了改进材料性能的测量方法，还要研究新的实验方法和测量手段。一旦设计制造的材料满足使用要求，则组织规模化生产，向社会提供商品。这一过程的核心是实验过程，所以材料化学实验与科学研究和生产实践紧密相连、互相促进、共同发展。

② 与物理、化学、物理化学等多学科相结合。随着人民生活水平的提高，对新材料的品种和功能的要求越来越多，对传统材料的使用也提出了新的要求。例如，石材从古到今都在使用，没有发现，也发现不了什么问题。但近年来，检测手段的提升，使人们对花岗岩、大理石的放射性有了警惕。另外，一些用回收“三废”材料研制的（新）材料是否有放射性或毒性，也使人担忧。材料在自然或人工环境长期作用下的变质问题也越来越得到人们的重视。解决合成、制备以及测试这些问题，需要物理、化学、物理化学等多门学科的理论知识和实验方法。所以，材料化学实验是综合多门学科的科学。

③ 传统实验方法与现代实验方法相结合。材料的制备方法和合成工艺有多种。按温度范围可分为高温和低温制备方法；按物质形态可分固相、液相和气相制备方法；按先后顺序可分为传统方法和现代方法。例如在无机非金属材料成分、结构、性能的测试方法中，有许多传统的测试方法，也有不少现代测试方法。因此，材料化学实验是传统实验方法与现代实验方法相结合的实验。

1.2.3 材料化学实验的任务

材料化学实验的任务，应从社会的发展和科学技术的发展对材料的需要，以及材料的研究与生产的特点来考虑。

当前，社会仍然需要大量的传统材料，这些材料的传统研究方法是以经验、技艺为基础，以配方筛选和性能测试与分析的方式来进行的。因此，通过对原料的特性、组成配方、界面性质、工艺性能与材料（及其制品）性能之间规律性的传统研究方法，可以表征传统材料的本质，形成和完善材料生产、应用的质量控制体系，也为材料的发展提供理论基础和实践根据。

随着社会和科学技术的发展，各行各业对大量新型材料的不断需要，沿用传统的方法是不大可能研制出具有独特性能的新型材料的。因为传统的宏观现象的研究只能对材料的宏观性能提供解释或表征，而不能准确地预测材料的性能，不能准确地指明新材料的开发方向。从现有的新材料的发展轨迹来看，几乎所有新型功能材料的研究都体现出化学与物理相结合、微观与宏观研究相结合、理论与技术相结合的特点。因此，要综合各门学科的知识来研究材料的改进和新材料的设计，通过各种先进技术来探索新材料的生产方法。

通过材料化学实验这个实践平台，可以培养从事材料的研究和生产的人才理论联系实际的能力、分析解决问题的能力、严谨的科学态度和实事求是的工作作风，更要培养创新应用能力。

2 实验的目的和任务

2.1 实验的目的

材料化学实验的目的是使实验者得到材料科学家和工程师素质的基本训练。随着材料产业的发展，传统材料的改进和新材料不断增多，这就决定了材料化学实验课的特点：掌握传统材料的实验技能的同时，对陆续出现并不断完善和进步的新品种、新实验原理、新合成制备方法，要了解，要掌握。

现代材料的种类很多，其研究方法、合成方法、生产方法和质量检验方法也各有不同。由于教学时间和实验条件的限制，要全面涉足是不可能的。突出重点、兼顾其他是目前唯一的选择。但是，从思维方式和技术方法这两个角度来看，各种材料的合成、生产和质量检验也有许多相同之处，因此以点带面、触类旁通的训练是可能的。通过认真选做一些精选的、具有代表意义的实验，经过举一反三、融会贯通，可以为适应将来的工作打下坚实的理论、实践和创新能力的基础。

2.2 实验的任务

材料化学实验的任务可以概括为完善知识结构、实验设计技术和方法；培养实验思路、操作能力和创新能力；培养理论联系实际的科学素养。

2.2.1 完善本专业的知识结构

材料化学专业的学生，主要学习材料生产制备与材料性能测试的基本知识和基本技能，掌握材料合成与性能的变化规律，为正确设计材料、生产材料和合理应用材料打好基础。

材料化学实验是材料学科知识的具体应用和深化。通过实验环节，在实验中巩固在理论课中学习的材料合成制备、性能及性能测试的理论知识，感受材料及其物质形态转化，掌握实验技能。从而完善本专业的知识结构，加深专业认识和理解。

2.2.2 培养和提高能力

材料化学实验的主要任务是通过基础知识的学习和实际操作训练，使学生初步掌握四大类材料实验的主要方法和操作要点，培养学生理论联系实际、分析问题和解决问题的能力。这些能力主要包括以下几点：

① 自学能力。能够自行阅读实验教材，按教材要求做好实验前的准备，尽量避免“跟着老师做实验，老师离开就停转”的现象。

② 动手能力。能借助教材和仪器说明书，正确使用仪器设备；能够用所学理论对实验现象进行初步分析判断；能够正确记录和处理实验数据、绘制曲线、说明实验结果、撰写合格的实验报告等。

③ 创新能力。能够利用所学的学科知识，或根据小型科研或部分实际生产环节的需求，完成简单的设计性实验。

2.2.3 培养和提高素质

实验教学不仅培养实验技能，形成感性认识，提高动手能力，更重要的是培养创新能力，培养和提高素质，主要是以下几个方面的素质：

① 探索精神　通过对实验现象的观察与分析，通过对材料物理化学性能测量数据的处理，探索其中的奥妙，总结其中的规律，提出新的见解，创立新的实验思路等。

② 团队精神　许多实验单人无法独立完成，有的要花上十几个小时甚至几天，必须多人分工合作。完成这类实验，可以提高实验小组成员的凝聚力和团队精神。褒扬团队精神，发挥集体力量，促进小组成员融洽关系，培养团队协作能力，在实验室里为将来的工作打下良好的基础。

③ 工作态度　刻苦钻研、严谨求实、一丝不苟的科学态度，才是实验过程中良好工作态度。

④ 人文素质　人文素质通常指人文科学知识和素养。知识的储备、实验的预习，会使实验者在实施过程中，表现出良好的实验素养。通过撰写较高质量的实验预习报告、实验报告、设计实验开题报告、实验课题总结报告等形式，可以更好地提高学生的人文科学知识和素养。

3　学习方法

培养创新型应用人才，注重创新能力的培养和自主训练，是当前实验教学改革的重要方向。其目的和重点是从被动学习转为主动学习。发挥主观能动性，把被动转为主动，才能搞好学习，成为具有真才实学的人。为了达到期望的主动型学习的实验教学效果，本书特别列出了实验拓展与创新的一项，供读者参考。

3.1　重视实验

创新型应用人才指具有创新精神和创新能力的人，具备专业知识、专业技能、创新能力和优良的内在素质。

为培养创新型应用人才，为适应材料产业与经济的迅猛发展及其特点，在课堂理论知识学习的基础上，重视实验，重视实验现象的分析思考，将实验中获取的支离破碎的感性认识，上升为理性认识，形成完整的动手能力。

重视实验，不仅因为它是基本技能训练，是动手能力培养的重要环节，更是完成理论-实践-理论这一循环上升的关节点，是创新型应用人才培养的必经之路。通过拓宽知识面、扩大视野，在实验室里全身心地投入实验，将实验技能与实际综合应用相联系，提高解决实际问题的能力，开启创新思维，从而在完整的实验训练之后，受益终身。

3.2　预习

为了使实验有良好的效果，实验前必须进行预习。明确实验步骤，对实验现象有预测、预想，对实验过程的记录有安排，对教材中的思考题有思考、有记录，等等。通常，预习应达到下列要求：

① 浏览实验教材，知道要做的实验项目的总体计划框架；

② 了解实验目的、实验原理、实验重点和关键之处；

③ 了解仪器设备的工作原理、性能、正确操作步骤；

④ 定量实验测量数据必须随手记录，预习实验项目时，根据实验内容设计表格是一项重要的基本功，应当着力设计好表格；

⑤ 教材中的思考题，是加深实验内容或对关键问题的理解。在实验前进行思考，可防止低级失误，提高实验质量；教材中的实验开拓与创新，是扩大学生视野的一些问题或者视角，供实验者进一步思考或者探索；

⑥ 对不理解的问题，及时查阅有关教科书，或列出清单请教师解答。

在材料的科研与生产中，材料的组成与分析、合成与制备、性能与应用测试，均由一系列的单项实验组成。材料化学实验也是如此，在做每个实验时要有整体实验的概念，要考虑每一步实验之间的联系、每步实验可能对最终实验结果产生的影响。

3.3　实验

实验室所设的实验，一般是技能训练型实验，或者是包含技能训练的自主型综合设计性实验。实验者需要根据教科书上的实验目的、原理、步骤等进行操作。因此，为达到良好的实验效果，要注意以下几点：

① 认真操作、细心观察，并把观察到的现象，如实详细地记录在实验报告中；

② 如果发现实验现象与实验理论不符合，或者测试结果出现异常，就应该认真检查原因，并细心重做实验，及时总结；

③ 实验中遇到疑难问题而自己难以解释时，应及时提请教师解答；

④ 实验过程保持安静，严格遵守实验室工作规则，防止出现意外事故；

⑤ 要在实验教学安排的有限时间里，保质保量地完成实验。

4 撰写实验报告

成功完成实验只是实验过程的第一步，撰写实验报告是将感性认识上升为理性认识的重要环节。实验报告是对实验的总结，对于验证型的实验，应解释实验现象，做出结论；对于测试型的实验，应根据测得的数据进行计算，求出最终结果，并分析测试结果的可信程度；对于综合型或设计型的实验，还要写出总体实验研究报告。

实验报告是教师检查学生学习情况和教学效果的一种重要方法，实验报告的优劣是教师给予实验成绩的根据之一。应认真查看教师批阅后发还的实验报告，明白对错，做好进一步总结。

编写实验报告是进行实践能力培养和训练的重要环节之一。因此实验操作时，仔细观察实验现象，在操作完成之后，要分析讨论出现的问题，整理归纳实验数据，对实验进行总结并做出结论，完成报告。更要把各种实验现象中得到的感性认识提高到理性认识，从而实现实验后的认识提升。在实验报告中还应完成指定的思考题，提出改进本实验的意见或措施等。

4.1 实验报告的基本格式

一个完整的实验报告应当包括的主要内容如下：

① 实验名称

② 实验目的

实验目的是对实验意图的进一步说明，即阐述该实验在科研或生产中的意义与作用。对于设计性实验，应指出该项实验的预期设计目标或预期的结果。

③ 实验原理

实验原理是实验方法的理论依据，或是实验设计的指导思想。实验原理包括两个部分：一是实验材料对实验条件环境（例如电场、磁场、温度、压力等条件）的反应，这是能够进行实验的基础。如果没有反应，实验就无法进行；二是实验仪器对该反应的接收与指示的原理，这是实验得以顺利进行的保障。仪器不能接收和指示反应的信号，实验现象就无法得到表征，实验就无法得到控制，就要更换仪器的类型或型号。

④ 实验仪器及药品

实验所需的主要仪器、设备、工具、试剂等。

⑤ 实验步骤

实验步骤表明操作顺序，一般包括药品准备、仪器准备、配料、合成反应、操作测试等几个部分，要求用文字简要地说明。视具体情况也可以用简图、表格、反应式等表示，不必千篇一律。

实验中的每一步，其实验现象包括材料的表观有无变化，测试环境有无变化，仪器运转是否正常，试样在实验过程中或调试中有无变化，实验中有无异常或特殊的现象发生等，要做好记录。

原始数据记录是指在实验中，将所测数据按有效数据的处理方法进行取舍，以一定的格式整理并填写在预习报告里，事先设计好的表格（或教材的表格）中。

结果处理是指对原始数据进行分析，要注意影响实验测试结果的因素，找出过失误差、系统误差和随机误差，并进行相应的处理后，再按处理程序计算每个测试结果，并接着做出误差估计等结论，提出改进测试方法或测试仪器的意见或建议。

⑥ 注意事项

实验能否得以顺利完成，受到多种因素的影响。在充分预习实验的基础上，往往能够较好地把握实验成败的关键。但进入实验环节后，有的实验过程会与预想的不一致，或是受经验所限，或是因有所遗漏，或是实验条件不符合要求等。实验前仔细参阅这一部分内容有助于更好地把握实验成败关键。

⑦ 实验拓展与创新

创新型人才贵在其创新精神和创新能力，而创新精神与能力都来源于其创新思维。本教材设立此部分内容就是为了尝试建立一个创新思维的新视角，促进实验者在完成实验的同时，思考与实验相关的诸多问题。这些问题可以在实验报告之后进一步思考，更欢迎在实验报告中有所表述。

⑧ 思考题

思考题是提出实验内容中一些知识、原理和方法等类型的问题，启发帮助学生在完成实验的基础上，分析实验中出现的问题。实验报告中不能忽视回答思考题。

4.2 实验报告的改进格式

随着实验教学改革的不断深入，实验报告的格式也发生了变化。目前各学校的做法不一，未形成统一（固定）的格式。实验报告一般要求写清楚以下主要内容：

① 数据测量的过程。

② 数据处理的过程。

③ 实验结果的分析讨论。

④ 实验过程中是否出现问题。如果出现问题，应写正确处理出现问题的经验和体会。

⑤ 实验的改进意见。

目 录

第 1 篇 金属材料实验

第 2 篇 无机非金属材料化学实验

第 3 篇 纳米材料化学实验

第 4 篇 高分子材料化学实验

第1篇

金属材料实验

实验 1.1 金相显微镜的结构、使用与金相试样的制备

1.1.1 实验目的

(1) 掌握金相试样制备的基本操作方法

(2) 熟悉金相显微镜的使用与维护方法

(3) 了解金相显微镜的结构及原理

(4) 了解浸蚀的基本原理，并熟悉其基本操作

1.1.2 实验原理

金相分析是研究工程材料内部组织结构的主要方法之一，特别是在金属材料研究领域中占有非常重要的地位。金相显微镜是进行显微分析的主要工具，利用金相显微镜在专门制备的试样上观察材料的组织和缺陷的方法，称为金相显微分析。显微分析可以观察、研究材料的组织形貌、晶粒大小、非金属夹杂物、氧化物、硫化物等在组织中的数量和分布情况等问题，即可以研究材料的组织结构与其化学成分（组成）之间的关系，确定各类材料经不同加工工艺处理后的显微组织，判别材料质量的优劣等。

在现代金相显微分析中，使用的主要仪器有光学显微镜和电子显微镜两大类。由于光学的原因，金相显微镜的放大倍数为几十倍到 2000 倍，若观察工程材料的更精细结构（如嵌镶块等），则要用近代技术中放大倍数可达几十万倍的透射、扫描电子显微镜及 X 光射线技术等。以下仅简单介绍常用的光学金相显微镜。

1.1.2.1 金相显微镜的基本原理

显微镜的简单基本原理如图 1-1-1、图 1-1-2 所示。它包括两个透镜：物镜和目镜。对着被观察物体的透镜，叫做物镜；对着人眼的透镜，叫做目镜。被观察物体 AB，放在物镜前较焦点 F_1 略远一点的地方。物镜使物体 AB 形成放大的倒立实像 A_1B_1，目镜再把 A_1B_1 放大成倒立的虚像 $A'_1B'_1$，它正在人眼明视距离处，即距人眼 250mm 处，人眼通过目镜看到的就是这个虚像 $A'_1B'_1$。显微镜的主要性能有：

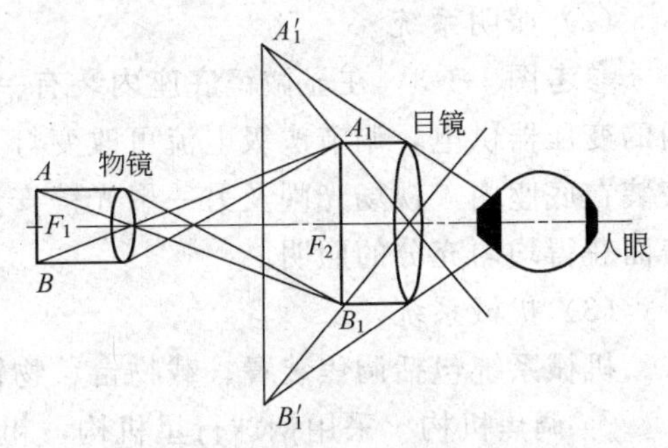

图 1-1-1 显微镜成像的光学简图

(1) 显微镜的放大倍数 显微镜的放大倍数等于物镜和目镜单独放大倍数的乘积，即物镜放

大倍数 $M_{物}=A_1B_1/AB$；目镜放大倍数 $M_{目}=A'_1B'_1/A_1B_1$；显微镜放大倍数$M=M_{物}\times M_{目}=A'_1B'_1/AB$。物镜和目镜的放大倍数刻在嵌圈上，例如 10×、20×、45×分别表示放大 10 倍、20 倍、45 倍。

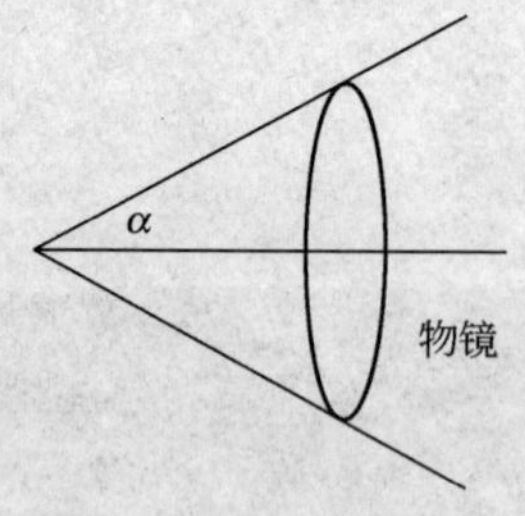

图 1-1-2 物镜的孔径角

(2) 显微镜的鉴别率 显微镜的鉴别率是指它能清晰地分辨试样上两点间最小距离 d 的能力，d 值越小，鉴别率就越高。鉴别率是显微镜的一个最重要的性能，它决定于物镜数值孔径 A 和所用的光线波长 λ，可用下式表示

$$d=\frac{\lambda}{2A}$$

式中 λ——入射光线的波长；

A——物镜的数值孔径。

λ 越小，A 越大，则 d 越小。光线的波长可通过滤色片来选择。蓝光的波长（$\lambda=0.44\mu m$）比黄绿光的大 25%。当光线波长一定时，可改变物镜数值孔径来调节显微镜的鉴别率。

(3) 物镜数值孔径 数值孔径表示物镜的聚光能力，其大小为

$$A=n\cdot\sin\alpha$$

式中 n——物镜与试样之间介质的折射率；

α——物镜孔径角的一半（见图 1-1-2）。

n 越大或 α 角越大，A 越大。由于 α 总是小于 90°，当介质为空气时（$n=1$），A 一定小于 1；当介质为松柏油时（$n=1.5$），A 值最高可达 1.4。物镜上都刻有 A 值，如 0.25、0.65 等。

1.1.2.2 显微镜的构造

金相显微镜通常由光学系统、照明系统和机械系统三部分组成。有的显微镜还附有摄影装置或与电脑连接。现以图 1-1-3 所示 4XA 型台式金相显微镜为例加以说明。

(1) 光学系统

4XA 型台式金相显微镜的光学系统如图 1-1-4 所示。由灯泡发出的光经集光镜 2 与反光镜 3 聚集在孔径光阑 4 上，再经过照明辅助透镜 5、7，辅助物镜 9 聚集到物镜组 10 的后焦面上，然后通过物镜平行照射到试样 11 的表面。从试样表面反射回来的光线经物镜组 10 和辅助物镜 9，由半反射镜 8 转向，经过辅助物镜 12，棱镜 13，双筒棱镜组 14，成像在目镜 15 的前焦面上，最后以平行光线射向人眼供观察。

(2) 照明系统

参考图 1-1-3，在显微镜底座内装有一个低压（6V，15W）卤钨灯泡作为光源，由底座内的变压器供电，调节次级电流可改变灯光的亮度。光源聚光系统、孔径光阑、反光镜等均安装在底座内，视场光阑及另一聚光镜安装在支架上，它们组成显微镜的照明系统，使试样表面获得均匀充分的照明。

(3) 机械系统

机械系统包括调焦装置、载物台、物镜转换器等。

① 调焦机构 采用钢球行星机构，粗调手轮 11 及微调手轮 12 共轴地安装在弯臂 10 两侧。调焦时，两手轮配合使用，可达到满意效果。

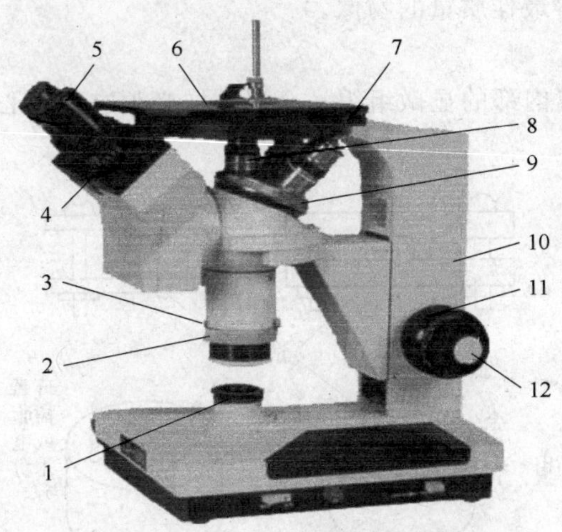

图 1-1-3　4XA 型金相显微镜外形结构图

1—孔径光阑；2—视场光阑；3—调节螺钉；4—双筒目镜管；5—目镜；6—托盘；7—载物台；8—物镜；9—物镜转换器；10—弯臂；11—粗调手轮；12—微调手轮

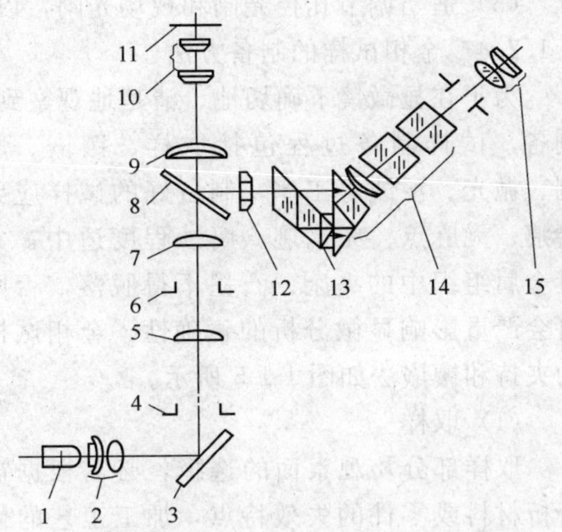

图 1-1-4　4XA 型金相显微镜的光学系统

1—灯泡；2—集光镜；3—反光镜；4—孔径光阑；5,7—辅助透镜；6—视场光阑；8—半反射镜；9,12—辅助透镜；10—物镜组；11—试样；13—棱镜；14—双筒棱镜组；15—目镜

② 载物台　用来放置金属试样。载物台 7 与托盘 6 之间有四方导架，用来引导载物台在一定范围内前后左右平稳移动，以改变试样的观察部位。

③ 孔径光阑和视场光阑　孔径光阑 1 装在照明反射镜座上面，调整孔径光阑能控制入射光束的粗细，以保证物像达到清晰的程度。视场光阑 2 在物镜支架下面，用以控制视场范围，在刻有直纹的套圈上方有两个调节螺钉 3，用来调整光阑的中心。

④ 物镜转换器　物镜转换器 9 呈半球形，上有三个螺孔，可安装不同放大倍数的物镜。旋转转换器可使各物镜进入光路，与不同的目镜配合，可获得各种放大倍数。

1.1.2.3　金相显微镜的使用方法

金相显微镜是一种精密的光学仪器，使用时要求细心谨慎。在使用显微镜工作之前首先要熟悉其构造特征以及各个主要部件的相互位置和作用，然后按照显微镜的使用规程进行操作。

金相显微镜的使用规程：

(1) 首先将显微镜的光源插头插到变压器上，通过低压（6～8V）变压器接通电源。转动拨盘可打开或关闭光源，还可以连续改变光源亮度。

(2) 根据放大倍数选用所需的物镜和目镜，分别安装在物镜转换器上和目镜筒内，并将转换器转至固定位置。在物镜和目镜上的标识除了种类等级符号外，一般在物镜上标注放大倍数和数值孔径（如 SP40/0.25），在目镜上标注放大倍数和视场直径（如 PL10/18）及机械筒长度（如 160）。

(3) 移动载物台，使物镜位于载物台上中心孔的中央，然后将试样放在载物台上，使要观察的部位对准物镜，并用弹簧片压住试样。

(4) 首先转动粗调手轮将载物台下降，同时用眼睛观察，使物镜尽可能地接近试样表面（但是不要相碰），然后相反方向转动粗调手轮，使载物台渐渐上升以调节焦距，当视场亮度增强时，再改用微调手轮调节，直到物像变清晰。

(5) 适当调节孔径光阑和视场光阑，以获得最佳质量的物像。

1.1.2.4　金相试样的制备方法

为了在显微镜下确切地、清楚地观察到金属内部的显微组织，金属试样必须进行精心的制备，试样制备过程包括取样、镶嵌、磨制、抛光、浸蚀等工序，制备好的试样应无磨痕、无麻点、无水迹、腐蚀程度适中，并且金属组织中的夹杂、石墨不得脱落，否则将会严重影响显微分析的正确性。金相试样的夹持和镶嵌法如图 1-1-5 所示。

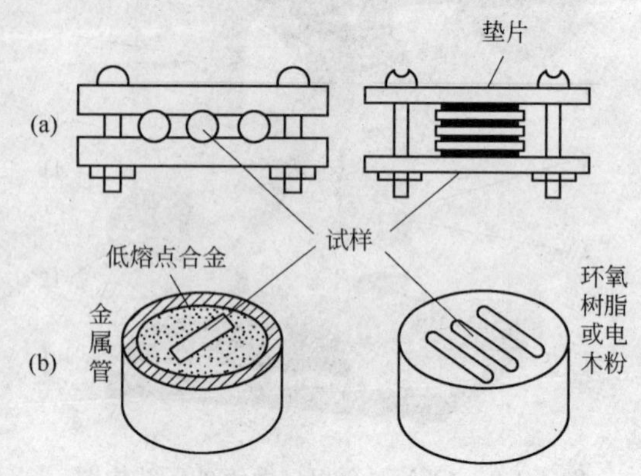

图 1-1-5　金相试样的夹持和镶嵌法
(a) 机械夹持法；(b) 镶嵌法

(1) 取样

取样部分及观察面的选择，必需根据被分析材料或零件的失效特点，加工工艺的性能以及研究目的等因素来确定。例如，研究铸造合金时，由于它的组织不均匀，应从铸件表面、中心等典型区域分别切取试样，全面进行金相观察。研究零件的失效原因时，应在失效的部位取样，在完整的部位取样，以便于作比较分析。研究材料基层缺陷的非金属夹杂物时，应在垂直轧制方向上切取横向试样；研究夹杂物的类型、形状、材料的变形粒度，晶粒被拉长的程度，带状组织等，应在平行于轧向切取纵向试样。在研究热处理后的零件时，因为组织均匀，可自由选取断面试样。对于表面热处理后的零件，要注意观察表面情况，如氧化层、脱碳层、渗碳层等。

取样时，要注意取样方法，应保证不使试样被观察面的金相组织发生变化。对于软材料可用锯、车等方法；硬材料可用金相试样切割机切取或电火花线切割；硬而脆的材料（如白口铁）可用锤击；大件可用氧气切割等。

试样尺寸不要太大，一般以高度 10～25mm，观察面的边长或直径为 15～25mm 的方形或圆柱形较为合适。

(2) 镶样

一般试样不需要镶样，尺寸过于细小，如细丝、薄片、细管或形状不规则，以及有特殊要求（例如要求观察表层组织）的试样，制备时比较困难，需要使用试样架，利用样品镶嵌机，把试样镶嵌在低熔点合金或塑料（如胶木粉、聚乙烯及聚合树脂等）中。

(3) 研磨

磨制分为粗磨、细磨、精磨。

① 粗磨　目的是磨去热处理的脱碳层或切割试样时留下的凹凸不平的部分，以得到一个较为平整的表面。软材料（有色金属）可用锉刀锉平。一般钢铁材料通常在砂轮机上磨平。磨样时应利用砂轮侧面，以保证试样磨平，打磨过程中，试样要不断用水冷却，以防温度升高引起试样组织变化，另外，试样边缘的棱角如没有保存的必要，可最后磨圆（倒角），以免在细磨及抛光时划破砂纸或抛光织物。

② 细磨　细磨在预磨机上进行，预磨机的磨盘上装有 240～340 号水砂纸，磨盘转速 $450\sim550\mathrm{r\cdot min^{-1}}$。预磨的目的是消除粗磨时在试样表面造成的粗糙的磨痕，以缩短在金相砂纸上的操作时间。操作时打开水管阀门，让水流保持在磨盘中心。手持试样，凭感觉把试样放平并施加 10～20N 的压力。预磨时间一般不超过 1min。

③ 精磨　在金相砂纸上进行，目的是消除预磨机上的变形层和较粗的磨痕，使试样的磨痕更细。常用的金相砂纸为 No. 1：W28（400 号）、No. 2：W20（500 号）、No. 3：W14（600 号）、No. 4：W10（800 号）。磨时先把细磨好的试样用水洗净，擦干，然后由粗到细依次在各号砂纸上把磨面磨光。操作要领是“轻压平推，单程单向”。把砂纸平铺于厚玻璃板上，左手按住砂纸，右手握住试样，将磨面朝下并与砂纸接触，在 30～70kPa 的压力下向前推进磨削。用力务求均匀平稳，勿使试样磨偏。试样退回时不与砂纸接触。这样反复进行，直到去掉砂纸上旧的磨痕，新的磨痕均匀、方向一致时为止。

在调换下一号更细的砂纸时，应将试样上的磨屑和砂粒清除干净，并转动 90°，即与上一道磨痕方向垂直。精磨时间一般不超过 5min。图 1-1-6 所示为金相砂纸磨削过程示意图。

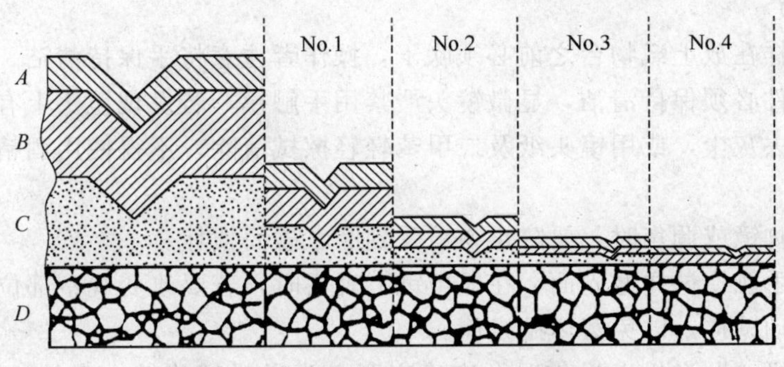

图 1-1-6　金相砂纸磨削过程示意图

④ 抛光　抛光的目的是除去精磨时磨面上留下来的细微磨痕，以获得光滑的镜面。常用的抛光方法有机械抛光、电解抛光、化学抛光三种，其中以机械抛光最为简便。

机械式抛光机的磨盘上装有抛光织物（呢、绒、毡等），磨盘转速 $1350\mathrm{r}\cdot\mathrm{min}^{-1}$。操作时，手持试样以 20～40kPa 的压力压在高速旋转的抛光盘上，并沿抛光盘半径方向往返移动，同时试样自身略加转动。抛光后的试样磨面应光亮无痕，且石墨或夹杂物等不应丢失或有曳尾现象。抛光时间一般为 1～3min，不宜过长。

⑤ 浸蚀　抛光后未经浸蚀的试样，在金相显微镜上可以观察到铸铁的石墨形状，金属中某些非金属夹杂物、孔、洞、裂纹等。浸蚀后的试样可显示出金属的基体组织。

浸蚀的作用是：由于金属材料中各相的化学成分和结构不同，故具有不同的电极电位，在浸蚀中就形成了许多微电池。电极电位低的相为阳极而被溶解，电极电位高的相为阴极而保持不变，所以浸蚀后就形成了凹凸不平的表面。纯金属与单相合金浸蚀时，由于晶界原子排列较乱，缺陷与杂质较多，易被浸蚀成沟壑。

化学浸蚀剂的种类很多，应按材料种类、热处理状态及观察目的选择适当的浸蚀剂。碳素钢与铸铁一般用 4％的硝酸酒精溶液。

浸蚀方法可用棉花沾取侵蚀剂擦拭磨面，或把浸蚀剂放在玻璃皿中，将试样磨面朝下浸入浸蚀剂中。试样的化学成分及热处理状态不同，浸蚀的时间也不同。一般情况下，淬火钢约为 1～2s，工业纯铁则需十几秒。待试样磨面失去光泽而略发暗为度，立即用清水冲洗残余浸蚀剂，然后用酒精冲洗，最后用风机吹干。一次侵蚀不足可再浸蚀，但若浸蚀过度，则需重新抛光。总之，浸蚀深度以能在显微镜下清晰地显示出组织的细节为准。

1.1.3　实验仪器及药品

砂轮机，预磨机，抛光机，金相显微镜；

水砂纸，金相砂纸（400号、500号、600号、800号）磨料（氧化铝粉），浸蚀剂（4%硝酸酒精溶液、酒精、脱脂棉）。

1.1.4 实验步骤

(1) 实验课前认真预习实验指导书，了解金相显微镜及有关设备的构造、原理、操作方法和注意事项。

(2) 每人按照要求制备一块金相试样并观察其显微组织。①取样 ②嵌样 ③磨光与抛光 ④浸蚀 ⑤观察照相。

(3) 请指导老师评定试样制作质量。

(4) 交回试样，整理实验设备及用品。

1.1.5 注意事项

(1) 金相试样在放上载物台之前必须吹干，操作者注意将手保持清洁、干燥。

(2) 光学零件必须保持清洁，显微镜头严禁用手触摸，若发现镜头上有脏物或灰尘，应及时用洗耳球吹去灰尘，或用镜头纸及二甲苯轻轻擦拭清除，不得使用酒精擦拭，以防透镜胶被溶解。

(3) 在更换物镜或调焦时，要防止物镜受到磨、碰而损坏。

(4) 不要用手触摸试样抛光面，在显微镜上观察时，若要改变观察部位，应用手移动载物盘，而不应移动试样，以免磨坏抛光面。

(5) 在预磨机、抛光机上操作时，应确定磨盘为逆时针旋转，手持试样放在磨盘的右侧，身体直立，凭感觉把试样放平，切勿低头用眼睛观察试样是否放平。注意力要集中，避免试样飞出发生事故。

1.1.6 实验拓展与创新

(1) 金相显微镜广泛应用于透明、半透明或不透明物质。掌握好普通金相显微镜的构造、操作步骤及基本原理，对今后工作中涉及观察材料内部的缺陷、组织类型，理解材料的性能都非常重要。大于2μm小于30μm观察目标，包括金属陶瓷、电子芯片、印刷电路、LCD基板、薄膜、纤维、颗粒状物体、镀层等材料表面的结构、痕迹等都有很好的成像效果。

(2) 利用金相显微镜观察研究海洋工程材料（例如船用结构钢、深潜固体浮力材料、船用防结冰涂料、舰船用隐身涂料、海洋工程用结构钢）在海水环境下的腐蚀形貌。

(3) 利用金相显微镜焦平面测量各种微米级涂层膜或镀层膜的厚度。将实验样品的覆膜面打磨成斜面后平放在金相显微镜样品台上，分别对膜层的两个界面对焦，从对焦旋钮上读出两焦面的高度差即为膜层的厚度。本方法可用于各种微米量级的单一膜层和多层复合膜的测厚，在测厚的同时可以观察和分析膜层的显微结构。

1.1.7 思考题

(1) 使用时金相显微镜应注意哪些问题？

(2) 如何使金相试样的制备又快又好？

实验1.2 金属材料硬度测试

1.2.1 实验目的

(1) 掌握布氏硬度计和洛氏硬度计的操作和应用

(2) 了解硬度实验的种类、特点及用途

(3) 了解布氏硬度计和洛氏硬度计的结构、实验原理及应用范围

1.2.2 实验原理

1.2.2.1 硬度试验的概述

金属的硬度可以认为是金属材料表面在接触应力作用下抵抗塑性变形的一种能力。硬度测量能够给出金属材料软硬的数量概念。由于在金属表面以下不同深度的材料承受的应力和所发生的变形程度不同，因而硬度值可以综合地反映压痕附近局部体积内金属的弹性、微量塑变抗力、塑变强化能力以及大量形变抗力。硬度值越高，表明金属抵抗塑性变形的能力越大，材料所产生的塑性变形就越困难。另外，硬度与其他机械性能（如强度指标 σ_b 及塑性指标 Ψ 和 δ）之间有着一定的内在联系，所以从某种意义上说硬度的大小对于机械零件或工具的使用性能以及寿命具有决定性的意义。

硬度的试验方法有很多，在机械工业中广泛采用压入法来测定硬度，压入法又可以分为布氏硬度、洛氏硬度、维氏硬度等。

压入法硬度试验的主要特征是：

(1) 试验时应力状态最软（即最大切应力远远大于最大正应力），因而不论是塑性材料还是脆性材料均能发生塑性变形。

(2) 金属的硬度与强度指标之间存在如下近似的关系：

$$\sigma_b = K \cdot \text{HB}$$

式中 σ_b——材料的抗拉强度值；

HB——布氏硬度值；

K——系数。

退火状态的碳钢 $K=0.34\sim0.36$，合金调质钢 $K=0.33\sim0.35$，有色金属合金 $K=0.33\sim0.53$。

(3) 硬度值对材料的耐磨性、疲劳强度等性能也有定性的参考价值，通常情况下，当硬度值越高，这些性能也就越好。在机械零件设计图纸上对性能的技术要求，往往只是标注硬度值，其原因就在于此。

(4) 硬度测定后由于仅在金属表面局部体积内产生很小的压痕，并不损坏零件，因而适合于成品检验。

(5) 设备简单，操作迅速方便。

1.2.2.2 布氏硬度实验

(1) 原理

布氏硬度实验是施加一定大小的载荷 P，将直径为 D 的钢球压入被测金属的表面（如图 1-2-1）保持一定的时间，然后卸载，测量钢球在试样表面上压出的压痕直径 d，从而计算出压痕球面积 A，求出平均应力值（P/A 值），以此为硬度值的计量指标，并用符号 HB 表示。

$$\text{HB} = P/A$$

设压痕深度为 h，则压痕部分的球面积为：

$$A = \pi Dh = \frac{\pi D}{2}\left(D - \sqrt{D^2 - d^2}\right)$$

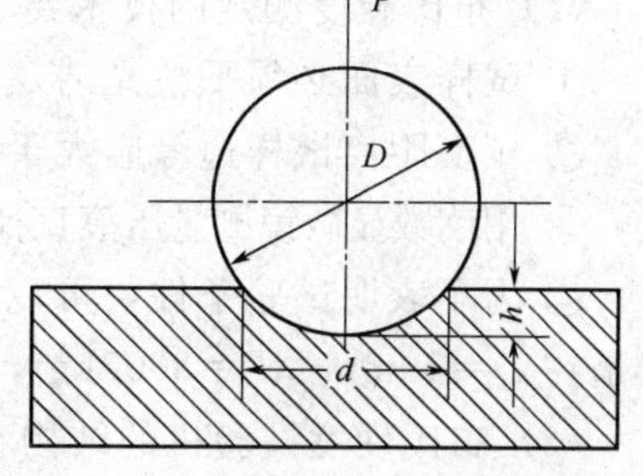

图 1-2-1 布氏硬度实验原理示意图

$$HB/(kgf \cdot mm^{-2}) = \frac{P}{A} = \frac{2P}{\pi D(D-\sqrt{D^2-d^2})}$$

式中 P——施加的载荷，kgf；

D——钢球直径，mm；

A——压痕面积，mm^2；

d——压痕直径，mm。

式中只有 d 是变数，故只需要测出压痕直径 d，根据已知 D 和 P 值就可以计算出 HB 值。在实际测量时，可由测出压痕直径 d 直接查表得到 HB 值。

由于金属材料有硬有软，所测工件有厚有薄，若只采用同一种载荷（如 3000kgf）和钢球直径（如 10mm）时，则对硬的金属适合，而对极软的金属就不合适，会发生整个钢球陷入金属中的现象；若对厚的工件适合，则对薄的工件会出现压透的可能，所以在测定不同材料的布氏硬度值时，就要求有不同的载荷 P 和钢球直径 D。对于同一个材料而言，不论采用何种大小的载荷和钢球直径，只要能满足 P/D^2 = 常数，所得的 HB 值是一样的。对于不同的材料来说，所得的 HB 值也是可以进行比较的。按照 GB 231—63 规定，P/D^2 比值有 30、10、2.5 三种，具体试验数据和适用范围可以参考表 1-2-1。

表 1-2-1 布氏硬度试验规范

材 料	硬度范围（HB）	试样厚度/mm	P/D^2	钢球直径 D/mm	载荷 P/kgf	载荷保持时间/s
黑色金属	140～450	6～3		10	3000	
		4～2		5	750	
		＜2	20	2.5	187.5	10
	＜140	＞6	10	10	1000	10
		6～3		5	250	
		＜3		2.5	62.5	
铜合金及镁合金	36～130	＞3		10	1000	
		6～3	10	5	250	30
		＜3		2.5	62.5	
铝合金及轴承合金	8～35	＞6		10	250	
		6～3	2.5	5	62.5	60
		＜3		2.5	15.6	

布氏硬度值的表示方法是：若用 10mm 直径的钢球在 300kgf 载荷下保持 10s，测得布氏硬度值为 40 时，可表示为 400HBS。

在其他试验条件下，符号 HB 应以相应的指数注明钢球直径、载荷大小及载荷保持的时间。例如，HB5/250/30＝100 即表示：用 5mm 直径的铜球在 250kgf 载荷下保持 30s 时，所测得的布氏硬度为 100。

（2）布氏硬度测定的技术要求

① 试样表面必须平整光洁，以使压痕边缘清晰，保证精确测量压痕直径 d。

② 压痕距离试样边缘应大于 D（钢球直径），两个压痕之间的距离不应该小于 D。

③ 用读数显微镜测量压痕直径 d 时，应从相互垂直的两个方向上进行测量，取其平均值。

④ 为了表明试验条件，可以在 HB 值后标注 $D/P/F$，如 HB10/3000/10，即表示硬度值是在 D＝10mm，P＝3000kgf，T＝10s 的条件下得到的。

（3）布氏硬度试验机的结构和操作

① HB-3000 型布氏硬度试验机的外形结构如图 1-2-2 所示。

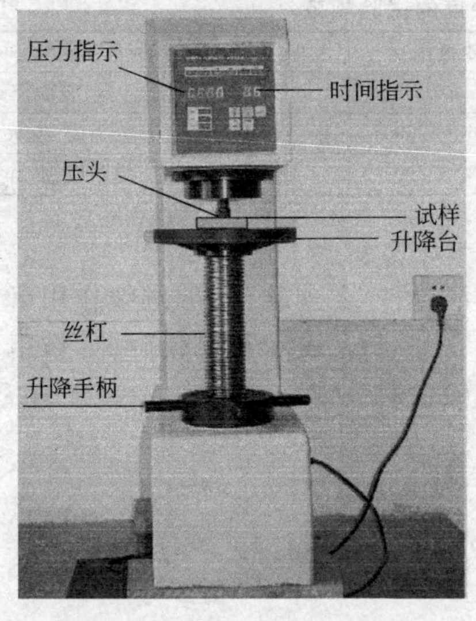

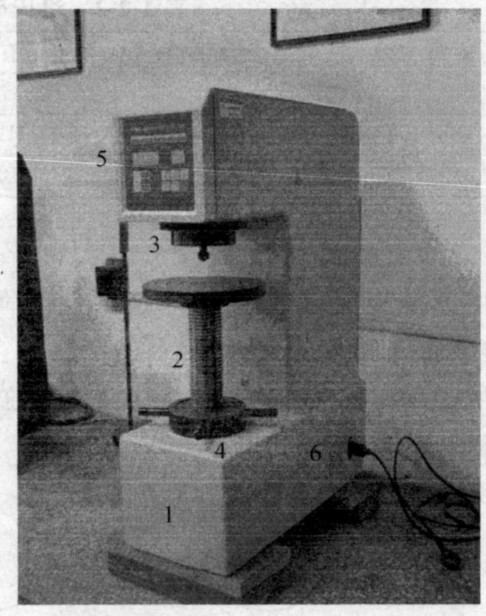

图 1-2-2　HB-3000 型布氏硬度试验机

1—机体；2—丝杠；3—压头；4—手轮；
5—控制面板；6—电源

a）机体：布氏硬度机的机体是铸铁机体。

b）丝杠和工作台：在机体前台面上安装了丝杠座，其中装有丝杠，丝杠上装立柱和工作台，可以上下移动。杠杆系统通过电动机可以将载荷自动加在试样上。

c）压头部分：采用由淬火后的钢球制成，钢球直径有 ϕ2.5mm、ϕ5mm、ϕ10mm 三种。

d）手轮部分：使丝杠产生上下移动。

e）控制面板部分：设置硬度计载荷大小、载荷保持时间，以及试验动作的操作面板。

f）电源：设备的电源开关。

② 操作程序

a）接通电源，打开开关，让仪器进入工作状态。

b）根据表 1-2-1 的要求设定载荷值和加载时间，然后，将试样放到工作台上，顺时针转动手轮，使压头压向试样表面直至仪器发出一声“滴”的长响，仪器自动地进入加载、保持、卸载状态。

c）自动卸载后，逆时针转动手轮降下工作台，取下试样用读数显微镜测出压痕直径 d 值，以此值查表即得 HB 值。压痕直径与布氏硬度对照表，见附录 3 所示。

1.2.2.3　洛氏硬度实验

（1）原理

洛氏硬度同布氏硬度一样，也属于压入硬度法，但它不是测定压痕面积，而是根据压痕的深度来确定硬度值。

洛氏硬度试验所用的压头有两种：一种是顶角为 120°的金刚石圆锥，另一种是直径为 1.588mm 或 3.176mm 的淬火钢球。根据金属材料软硬程度不一，可以选择不同的压头和载荷相互配合使用，最常用的是 HRA、HRB 和 HRC。这三种洛氏硬度的压头、载荷和使用范围列于表 1-2-2 中。

洛氏硬度测定时，需要先后两次施加载荷（预载荷和主载荷）。预加载荷的目的是使压头与试样表面接触良好，以保证测量结果准确。总载荷 P 为预载荷 P_0 和主载荷载荷 P_1 之和，即

表 1-2-2　洛氏硬度的试验规范

符号	压　头	负荷	硬度值有效范围	使 用 范 围
HRA	120 度金刚石圆锥	60	＞70	适用于测量硬质合金、表面淬火层、渗碳层
HRB	1.5888 度钢球	100	25～100(HB60～230)	适用于测量有色金属、退火及正火钢
HRC	120 度金刚石圆锥	150	20～67(HB230～700)	适用于测量调质钢、淬火钢

$$P=P_0+P_1$$

洛氏硬度值是施加总载荷 P 并卸除主载荷 P_1 后，在预载荷 P_0 继续作用下，由主载荷 P_1 引起的残余压入深度 e 来计算（图 1-2-3）。图中，h_0 表示在预载荷 P_0 作用下，压头压入被试材料的深度；h_1 表示施加总裁荷 P 并卸除主载荷 P_1，但仍保留预载荷 P_0 时，压头压入被测试材料的深度。

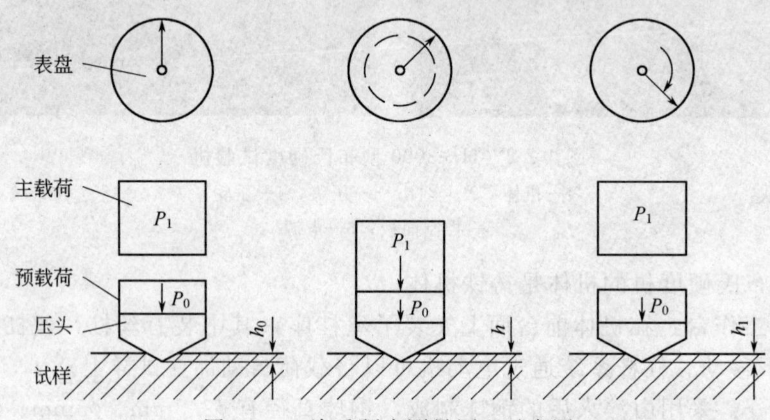

图 1-2-3　洛氏硬度测量原理示意图

深度差 $e=h_1-h_0$，该值用来表示被测材料硬度的高低。在实际应用中，为了使硬材料测出的硬度值比软材料的硬度值高，并符合一般的习惯，将被测材料的硬度值用公式加以适当变换，即：

$$\mathrm{HR}=\frac{K-(h_1-h_0)}{C}$$

式中　K——常数，其值在采用金刚石压头时为 0.2，采用钢球压头时为 0.26；

C——常数，代表指示器读数盘每一刻度相当于压头压入被测材料的深度，其值为 0.002mm；

HR——标注洛氏硬度的符号，当采用金刚石压头及 150kgf 的总载荷时应标注 HRC，当采用钢球压头及 100kgf 总载荷试验时，则应标注 HRB。

HR 值可直接由硬度计表盘读出。表盘上有红、黑两种刻度，红线刻度的 30 和黑线刻度的 0 相重合。

（2）洛氏硬度计的结构和操作

① 洛氏硬度计的结构

H-150 型杠杆式洛氏硬度试验机的结构如图 1-2-4 所示，其主要部分及其作用如下：

a）机体：洛氏硬度机的机体是铸铁机体。

图 1-2-4　H-150 型杠杆式洛氏硬度机

1—机体；2—丝杠；3—压头；4—手轮；5—刻度百分表盘；6—手柄

b）丝杠和工作台：在机体前台面上安装了丝杠座，其中装有丝杠，丝杠上装立柱和工作台，可以上下移动。

c）压头部分：采用主要是有两种压头，一种是金刚石圆锥，角度是 120°。另一种是淬火高强度钢球，直径是 1.588mm。

d）手轮部分：使丝杠产生上下移动。

e）刻度百分表盘：用于读出试样的硬度值。

f）手柄：设备的电源开关。

② 洛氏硬度计的操作

a）按表 1-2-2 选择压头及载荷。

b）根据试样大小和形状选用载物台。

c）将试样上下两面磨平，然后置于载物台上。

d）加预载，按顺时针方向转动升降机构的手轮，使试样与压头接触，并观察读数百分表上小针移动至小红点为止。

e）调整读数表盘，使百分表盘上的长针对准硬度值的起点。如试验 HRC、HRA 硬度时，把长针与表盘上黑字 C 处对准。试验 HRB 时，使长针与表盘上红字 B 处对准。

f）加主载荷，平稳地扳动加载手柄，手柄自动升高至停止位置（时间为 5～7s），并停留 10s。

g）卸主载荷，扳回加载手柄至原来位置。

h）读出硬度值。表上长针指示的数字为硬度的数值。HRC、HRA 读黑数字，HRB 读红线数字。

i）下降载物台，当试样完全离开压头后，方可取下试样。

j）用同样方法在试样的不同位置测三个数据，取其算术平均值为试样的硬度。

1.2.3 实验仪器及药品

布氏硬度计，读数放大镜，洛氏硬度计，硬度试块若干；

铁碳合金退火试样若干（ϕ20×10mm 的工业纯铁，20、45、60、T8、T12 等），ϕ20×10mm 的 30、45、60、T8、T12 钢退火态、正火态、淬火及回火态的试样。

1.2.4 实验步骤

1. 熟悉各种硬度计的构造原理，操作方法及注意事项。

2. 测定硬度前用标准硬度块校验硬度计的示值误差。

学生分成若干组，利用备好的硬度试块或试样，在硬度计上测定其相应硬度值，使之学会硬度计的使用方法。

1.2.5 注意事项

（1）试样两端要平行，表面应平整，若有油污或氧化皮，可用砂纸打磨，以免影响测定。

（2）圆柱形试样应放在带有“V”形槽的工作台上操作，以防试样滚动。

（3）加载时应细心操作，以免损坏压头。

（4）测完硬度值，卸掉载荷后，必须使压头完全离开试样后再取下试样。

（5）金刚钻压头系贵重物件，质硬而脆，使用时要小心谨慎，严禁与试样或其他物件碰撞。

（6）应根据硬度实验机的使用范围，按规定合理选用不同的载荷和压头，超过使用范围，将不能获得准确的硬度值。

1.2.6 实验拓展与创新

（1）硬度实验是测试各种材料的最基本的力学性能实验，广泛应用于各种结构材料和功能材料（例如：半导体材料、功能陶瓷、医用高分子材料、非晶态合金、贮氢合金、形状记忆合金、高温合金等）硬度性能指标与其他各种物理性能、化学性能关系紧密，在材料选材和设计、工程应用过程中应给予足够重视。各种钢材牌号请参考附录 4 部分钢材牌号。

（2）从化学键合的观点出发研究硬度和强度与晶体的微观结构参数之间的定量关系，将晶体的宏观力学性质与微观结构参数联系起来，不仅可以预测晶体宏观力学性质，而且对从物理本质上理解相应的宏观性质有所帮助。例如预测新型亚稳材料 BC_2N、纤锌矿半导体、B_6N、B_6P 和 B_6As 等复杂晶体的理论硬度，其中 B_6O、$B_{13}C_2$、BC_2N 和纤锌矿半导体的理论硬度与实验硬度相当吻合。

（3）针对硬度实验原理的理解，有助于理解其他硬度计的设计，还有哪些常用硬度计及其适用条件？

（4）结合本专业，硬度实验在船舶结构钢方面会有哪些用途？

1.2.7 思考题

试分别说明布氏、洛氏硬度的使用范围并对比其优缺点。

实验 1.3 低碳钢和灰口铸铁的拉伸、压缩实验

1.3.1 实验目的

（1）掌握电子万能试验机的使用方法及其工作原理

（2）测定该试样所代表材料的 P_S、P_b 和 ΔL 等值

（3）比较典型塑性材料和脆性材料进行受力变形现象及其强度指标和塑性指标

（4）观察试样在拉伸或压缩实验过程中受力和变形两者间的相互关系和材料的弹性、屈服、强化、颈缩、断裂等现象

1.3.2 实验原理

1.3.2.1 低碳钢的拉伸实验

在拉伸实验前，测定低碳钢试件的直径 d 和标距 L。试件受拉伸过程中，观察屈服（流动）、强化、卸载规律、颈缩、断裂等现象；绘制 P-ΔL 曲线。低碳钢拉伸图(a) 及压缩图(b) 如图 1-3-1 所示；记录试样的屈服抗力 P_s 和最大抗力 P_b。试件断裂后，测量断口处的最小直径 d_1 和标距间的距离 L_1。依据测得的实验数据，计算低碳钢材料的强度指标和塑性指标。

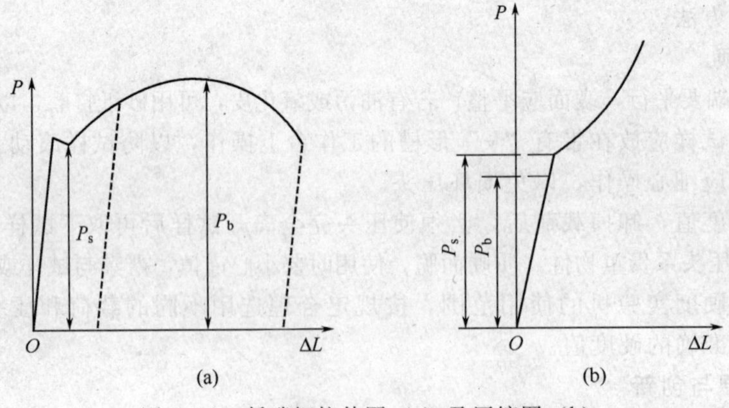

图 1-3-1 低碳钢拉伸图（a）及压缩图（b）

强度指标

(1) 屈服极限 $\sigma_s=\dfrac{P_s}{A}$，其中 $A=\dfrac{\pi d^2}{4}$

(2) 强度极限

塑性指标 $\sigma_b=\dfrac{P_b}{A}$

(3) 延伸率 $\delta_{10}=\dfrac{L_1-L}{L}\times100\%$

(4) 断面收缩率 $\psi=\dfrac{d^2-d_1^2}{d^2}\times100\%$

1.3.2.2 低碳钢的压缩实验

实验前，测量试样的直径 d 和高度 h。实验时，观察低碳钢试样压缩过程中的现象，绘出 P-ΔL 曲线，测定试样屈服时的抗力 P_s，从而计算出低碳钢的屈服极限为：

$$\sigma_s=\frac{P_s}{A}$$

1.3.2.3 灰口铸铁的拉伸和压缩实验

(1) 灰口铸铁的拉伸实验

实验前测定试样的直径 d。试样在拉伸过程中注意观察与低碳钢拉伸试验中不同的现象（如变形小、无屈服、无颈缩、断口平齐等）；绘出 P-ΔL 曲线如图 1-3-2(a) 所示；记录断裂时的最大抗力 P_b，从而计算出灰口铸铁的拉伸强度极限为：

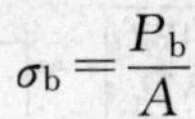

$$\sigma_b=\frac{P_b}{A}$$

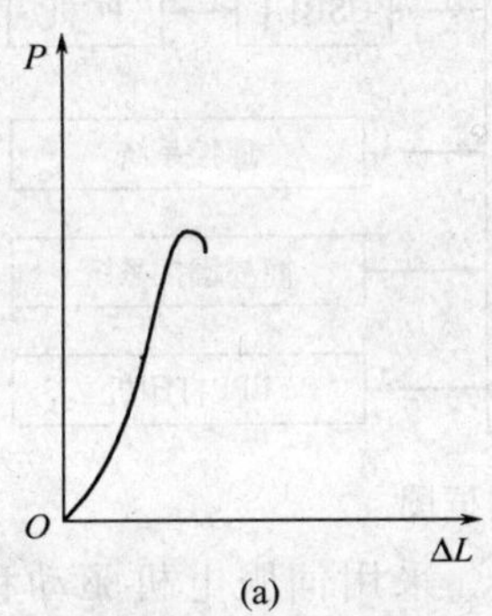

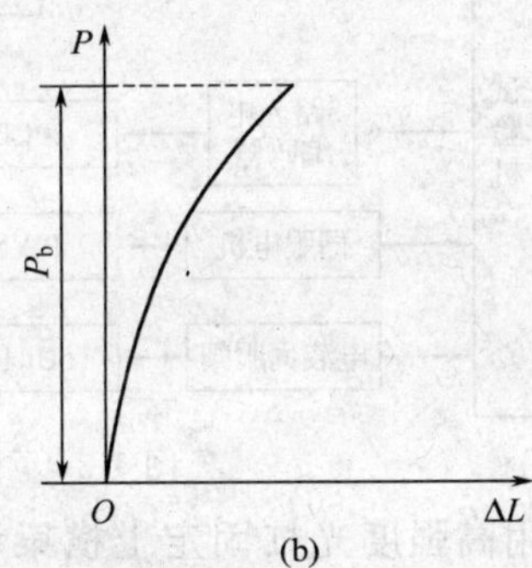

图 1-3-2 灰口铸铁拉伸图(a) 及压缩图(b)

(2) 灰口铸铁的压缩实验

实验前测定试样的直径 d 和高度 h。实验时观察灰口铸铁试样在压缩过程中的现象，尤其是断口形状；绘出 P-ΔL 曲线如图 1-3-2(b) 所示；记录压缩破坏时的最大抗力 P_b，计算灰口铸铁压缩强度极限，即：

$$\sigma_b=\frac{P_b}{A}$$

1.3.3 实验仪器及药品

CMT 微机控制电子万能试验机，钢板尺，游标卡尺；

待测试样。

1.3.4 实验步骤

实验设备为 CMT 微机控制电子万能试验机，外形图如图 1-3-3 所示，电气控制原理图如图 1-3-4 所示。

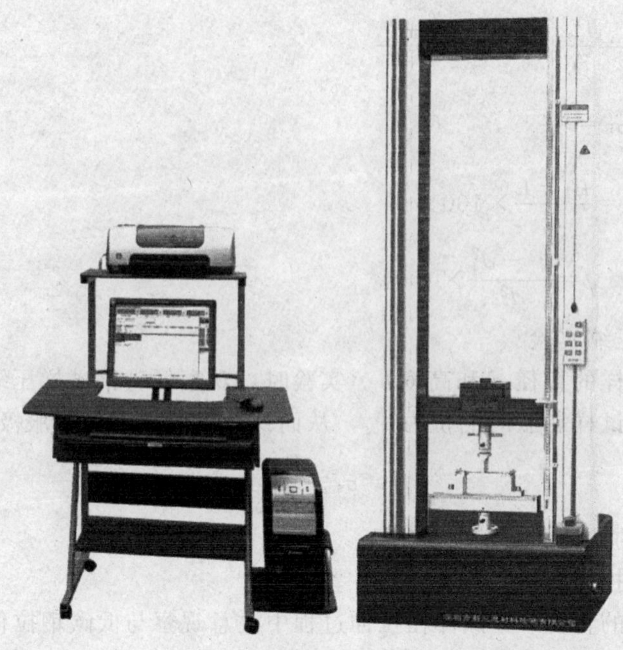

图 1-3-3 CMT系列微机控制电子万能试验机外形图

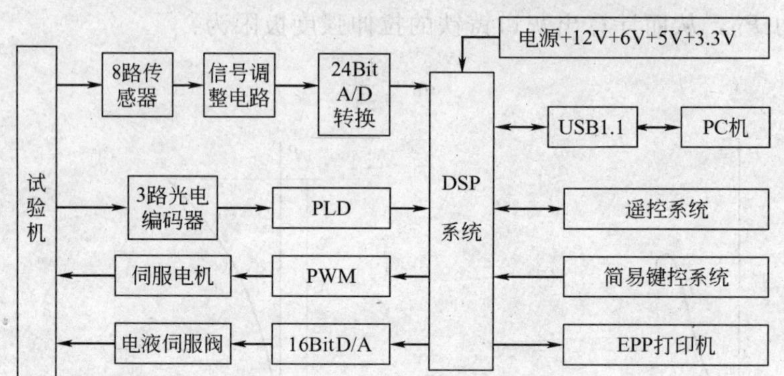

图 1-3-4 电气控制原理框图

该试验机采用高强度光杠固定上横梁和工作台面。采用伺服电机驱动移动横梁上下移动，实现试验加载过程。采用先进的基于 DSP 的试验机数字闭环控制与测量系统，具有微机控制、全数字闭环及图形显示等功能，可进行试验过程及试验曲线的动态显示，并进行数据处理，试验结束后可通过图形处理模块对曲线放大进行数据再分析编辑。

(1) 按以下顺序开机：试验机→打印机→计算机。每次开机后，最好要预热 10min，待系统稳定后，再进行试验工作。

(2) 双击电脑桌面 Power Test V3.0 图标，进入试验软件，选择好联机的用户名和密码，“确定”。选择对应的传感器（本实验为 1 号传感器）后击“联机C”。

(3) 准备好楔形拉伸夹具。若夹具已安装到试验机上，则对夹具进行检查，并根据试样的长度及夹具的间距设置好限位装置。

(4) 点击“试验部分”里的新试验，选择相应的低碳钢和灰口铸铁的拉伸、压缩试验方案（试验方案的设置参照软件说明书），输入试样的原始用户参数和尺寸，如试样标距（L）(mm)、试样直径（d）(mm）等。多根试样直接按回车键生成新记录。

(5) 分别将上、下夹具装到试验机的上、下接头上，插上插销，旋紧锁紧螺母。先搬动上夹具的上扳把，使钳口张开适当的宽度；将试样一端放入上夹具钳口之间，并使试样位于钳口的中央，松开上扳把，将试样上端夹紧。在夹好试样一端后，力值清零（点击力窗口的“清零”按钮）再夹另一端。

(6) 点击▷，开始自动试验。试验自动结束后，软件显示试验结果，包括试样的拉伸断裂强度、断裂伸长率和弹性模量等结果参数。

(7) 重复上述 (5) (6) 步骤做完 N 个试样后，点击“生成报告”，打印试验报告。

(8) 关闭试验窗口及软件。关机顺序：试验软件—试验机—打印机—计算机。

1.3.5 注意事项

(1) 任何时候都不能带电插拔电源线，否则很容易损坏电气控制部分。

(2) 如果刚刚关机，需要再开机，一定要等候至少 1min 的时间。

(3) 试验开始前，一定要调整好限位挡圈。

(4) 机器开动时，操作者不得擅自离开。

(5) 试样安装必须正确，防止偏斜和夹入部分过短的现象。

(6) 大变形在不使用时，请将两夹头放入保护装置内，或将其旋转开，以免移动横梁在移动过程中撞坏夹头。

(7) 实验过程中，除停止按键和急停开关外，不要按控制盒上的其他按键，否则会影响试验，必须切实避免试验机急剧加载，听见有异声或发生任何故障应立即停车。

(8) 在压缩实验中，试样周围须加防护罩，以免在试验过程中试样飞出伤人。

(9) 计算机要严格按照系统要求一步一步退出，正常关机，否则会损坏部分程序，导致软件无法正常使用。

(10) 严禁使用来历不明或与本机无关的软盘或其他外接存储设备，在试验机控制用计算机上写盘或读盘，以免病毒感染。

1.3.6 实验拓展与创新

(1) 拉伸与压缩实验所测试的性能指标与其他各种物理性能、化学性能等往往存在紧密关系，在进行材料选材和设计、应用过程中应给予重视，特别是化工设备、高压容器材料。

(2) 拉伸与压缩实验同样适用于聚合物材料以及各种复合材料的性能测试。众所周知，传统的层合板复合材料具有难以克服的固有缺陷，比如：沿厚度方向的刚度和强度性能较差，面内剪切和层间剪切强度较低，易分层，并且冲击韧性和损伤容限水平都较低。因而出现的针对三维四向和五向编织复合材料进行的拉伸实验，就可以从宏观角度研究它们的力学行为，获得材料的主要力学性能参数及变形、破坏规律。

1.3.7 思考题

(1) 试比较低碳钢和铸铁在拉伸时力学性能的异同。

(2) 压缩时为什么必须将试件对准压头中心位置，如没对中会产生什么影响？

(3) 说明铸铁和低碳钢断口的特点。

(4) 低碳钢和铸铁在拉伸、压缩中，各要测得哪些数据？观察哪些现象？

实验 1.4 失重法测金属腐蚀速度

1.4.1 实验目的

(1) 掌握失重法测量金属腐蚀速度的原理和操作过程

(2) 加强对金属腐蚀与环境条件密切相关的认识

(3) 初步了解缓蚀剂对金属腐蚀的抑制作用

1.4.2 实验原理

重量法是以腐蚀前后金属质量的变化来表示金属腐蚀速度的方法，分为失重法和增重法两种。

(1) 失重法　当腐蚀产物能很好地除去而不损伤主体金属时用此法较恰当。

$$K_{失重}=\frac{W_0-W_1}{St}$$

式中　K——腐蚀速度，$g \cdot m^{-2} \cdot h^{-1}$；

W_0——腐蚀前金属的质量，g；

W_1——腐蚀后金属的质量，g；

t——腐蚀作用的时间，h；

S——金属与腐蚀介质接触的面积，m^2。

(2) 增重法　当腐蚀产物全部附着在金属上，且不宜去除时可用此法。

$$K_{增重}=\frac{W_1-W_0}{St}$$

1.4.3 实验仪器及药品

分析天平，电吹风，游标卡尺，阴极去膜装置，试样表面制备用品：低碳钢（Q235）试样（矩形薄板），水砂纸，钢号码；

丙酮，蒸馏水，规定浓度的硫酸溶液。

1.4.4 实验步骤

用失重法测量低碳钢（Q235）在硫酸溶液中的腐蚀速度。硫酸溶液的浓度分别取10%、20%、30%、40%、50%、55%、65%、85%，以及10%硫酸＋1%有机缓蚀剂，一共九种，室温，静态。

(1) 配溶液　用试剂硫酸和蒸馏水配制实验溶液，每种溶液800mL，分别盛在1000mL烧杯内。

(2) 磨试样　试样表面状态要求均一、光洁，需要进行表面处理。制作试样时已经过机加工，试验前还需用水砂纸打磨，以达到要求的光洁度，表面上应无刻痕与麻点，平行试样的表面状态要尽量一致。打磨方法：依次采用400#、600#水砂纸打磨试片所有表面，注意每次打磨的纹路方向要相互垂直，每次打磨以完全覆盖上次打磨纹路为准，并及时用水清洗砂纸，避免过热。

(3) 打号码　试样标记，可用钢号码打印编号。

(4) 量尺寸　用游标卡尺测量试样的长、宽、厚和小孔直径，以供计算暴露表面积。测量时必须量几个部位，取其平均值。

(5) 清洗去油　将试样表面残屑除尽，用浸丙酮的棉花球擦拭，除去表面油污，再用蒸馏水冲洗，滤纸吸干。然后用电吹风干燥（注意用冷风!）。

(6) 称初重　干燥后的试样用分析天平称取初重W_0，准确到0.1mg。

(7) 浸入试验溶液　试样称重后立即穿上塑料线，浸入试验溶液内（记下浸入时间!）。每种试验溶液内挂3～4块平行试样。注意试样不能彼此接触，也不能与容器接触。试样浸入深度应大致相同。其上端距液面应大于2cm。观察并记录试样浸入溶液后发生的现象。

(8) 试验时间　由于碳钢在不同浓度的硫酸溶液中的腐蚀速度相差很大，不同体系的试验时间应根据具体情况确定。注意试验期间要维持试验溶液的体积不变，可将体系密闭或采用补充溶液的方法（自选）。

(9) 清除腐蚀产物　取出试样前应仔细观察试样表面和溶液中的变化。取出试样（记下时间!）后观察试样表面腐蚀产物的形态和分布。将试样放在自来水流下冲洗，用毛刷刷去疏松的腐蚀产物，再次观察试样表面状态。

将试样用电化学法或机械法除膜（自选）。除膜操作应进行多次，以达到恒重（两次称重差别小于 0.5mg），并由空白试样确定金属基体的损失。考虑到时间限制，每个学生可进行两次除膜操作，并按第二次除膜后的质量计算失重。

(10) 称腐蚀后重　除膜后用蒸馏水冲洗，除去已变疏松的腐蚀产物，然后擦拭、干燥，用分析天平称重，恒重后的质量记作 W_1。

将实验数据记录在表 1-4-1 中。

表 1-4-1　测量数据记录表

试样编号				
试样材质				
溶液名称、浓度、温度				
试样尺寸/mm				
试样表面积/m^2				
试样初重 W_0/g				
试样腐蚀后重 W_1/g	第一次除膜			
	第二次除膜			
试验时间	浸入时间			
	取出时间			
	试验时间/h			
失重腐蚀速度 K/$g \cdot m^{-2} \cdot h^{-1}$				
腐蚀速度 V_p/$mm \cdot a^{-1}$				
平均腐蚀速度 $V_p \pm \Delta V$/$mm \cdot a^{-1}$				

(11) 数据处理

① 按表格记录所测数据，计算低碳钢试样在试验溶液中的腐蚀速度 K。

② 取同种溶液中的几块平行试样的腐蚀速度的算术平均值，作为低碳钢在该溶液中的腐蚀速度，并按统计方法计算误差。

③ 用各种溶液腐蚀速度数据，绘制低碳钢腐蚀速度随硫酸浓度变化的曲线。

④ 计算所用缓蚀剂在10%硫酸中对低碳钢的缓蚀率。

⑤ 每个学生测量一块试样，但实验报告应包括所有数据。

1.4.5　注意事项

(1) 打磨好清洗后的试样不能用手直接接触，需放在干净的滤纸上，或放入干燥箱中备用，否则将造成试样表面沾污，对试验结果有不良影响。

(2) 采用超声法除膜时，注意每次超声震荡时间不要过长，以免导致仪器因过热而损坏。

1.4.6 实验拓展与创新

(1) 碳钢在硫酸溶液中的腐蚀产物中既含有高价铁，也含有低价铁，了解各自含量对于判别腐蚀原因、研究腐蚀过程具有重大意义。请设计相应的实验方法，避免腐蚀产物中亚铁被空气中的氧所氧化，并正确测定腐蚀产物中亚铁离子的含量。

(2) 在工业冷却水系统中，换热器管子腐蚀穿孔引起泄漏常常造成很大的经济损失，为此需要在冷却水系统日常运行过程中对金属的腐蚀及腐蚀控制情况进行监测。请利用失重法测定腐蚀速度的原理，设计合理的方法对碳钢制冷却水系统换热器的腐蚀情况进行监测。

(3) 海洋石油开发中设计大量钢铁构筑物，如石油平台等，其整体处于海中的不同区带，有海洋大气区、浪花飞溅区、潮差区、海水全浸区和海底泥土区。请设计失重试验方案，对钢在浪花飞溅区、潮差区、海水全浸区三个区带中的腐蚀速度进行测试。

1.4.7 思考题

(1) 碳钢在硫酸溶液中的腐蚀有何特点？

(2) 试样腐蚀后表面形貌和溶液有什么变化？描述腐蚀产物的形态、颜色、分布，以及与金属试样表面的结合情况。

(3) 分析失重腐蚀试验的误差来源，如何提高试验精度？

(4) 腐蚀产物的清除方法常用的有机械法、化学法、电化学法等，比较三种方法的优、缺点。

(5) 若将试片材质改为黄铜，比较两种金属在硫酸中的腐蚀特征，在失重法测定时，试片的表面处理、浸泡时间、腐蚀产物的清除方法各有什么不同？

实验 1.5 缓蚀剂的评选

1.5.1 实验目的

(1) 掌握极化曲线外延法求腐蚀电流的原理和方法，分析活化极化控制腐蚀体系极化曲线的特征

(2) 熟悉极化曲线外延法测量金属腐蚀速度、评价缓蚀剂的方法，熟悉电化学工作站的使用方法

(3) 了解缓蚀剂的评价方法

1.5.2 实验原理

本实验系采用极化曲线外延测定金属腐蚀速度的方法，测量碳钢在未加缓蚀剂和加有缓蚀剂的盐酸溶液中的腐蚀速度所发生的变化，计算缓蚀效率，从而判断缓蚀剂的作用效果。

极化曲线外延测量腐蚀速度的原理，是基于金属发生电化学腐蚀时，其局部阳极和局部阴极的理论极化曲线与实测的阴、阳极极化曲线之间，存在着一定关系。理论的阴、阳极极化曲线的交点，对应着腐蚀体系在稳定状态下的自腐蚀电位 E_{corr} 和自腐蚀电流 i_{corr}。这时金属溶解的氧化反应放出的电子，将全部消耗在阴极的还原反应上，即 $i_A=i_K=i_{corr}$。

在用外加电源极化实测极化曲线时，所外加的电流为局部阳极和局部阴极反应电流的代数和，即 $i_外=i_A+i_K$。当阳极极化到局部阴极的起始电位 E_K^0 时，$i_K=0$，$i_a=i_A$。自此点开始实测的阳极极化曲线与理论的阳极极化曲线重合。当阴极极化到局部阳极的起始电位 E_A^0 时，$i_A=0$，$i_k=i_K$，自此点开始实测的阴极极化曲线与理论的阴极极化曲线重合，且此

后继续增大阳极极化和阴极极化，则极化电流和电极电位遵从指数规律（对活化极化控制的体系），即在 E-lg$i$ 坐标上，极化曲线呈现线性关系，如图 1-5-1 所示，该区域又称 Tafel 区。因此，对于活化极化起控制作用的腐蚀体系（如析氢腐蚀），只要通过实验测出其阴极极化曲线和阳极极化曲线，在 E-lg$i$ 坐标上作图，再将两者的直线段延长相交，其交点所对应的电流密度就是要测的金属的自腐蚀电流密度 i_{corr}。因为腐蚀电位 E_{corr} 是可以实测出来的，所以也可以只延长阴极极化曲线或阳极极化曲线，使之与 E_{corr} 的横坐标相交，也可求得交点而得出 i_{corr}。

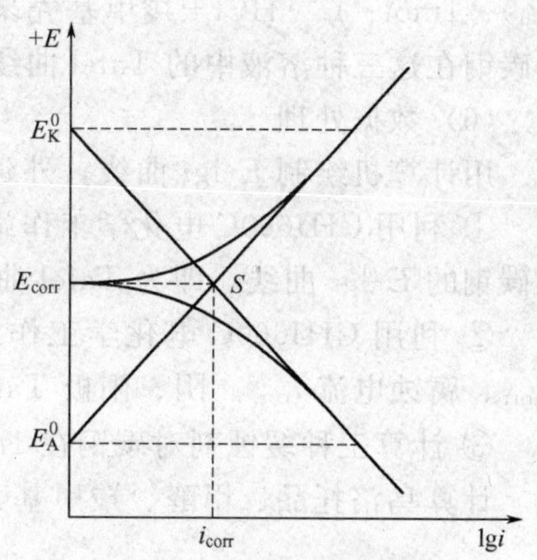

图 1-5-1　极化曲线外延法求腐蚀速度

极化曲线外延法求取腐蚀速度只适用于在较宽的电流密度范围内电极过程服从指数规律的腐蚀体系（如析氢腐蚀），不适用于浓差极化较大的体系，也不宜用于溶液电阻大的情况以及当强烈极化时金属表面发生很大变化（如膜的生成和溶解）的场合。此外，外延法作图还会引进一定的人为误控，因此所得结果与失重法所得结果相比可能存在10%～50%的误差。但是，用来相对比较腐蚀速度的变化仍然是有意义的。

1.5.3　实验仪器及药品

CHI660C 电化学工作站，铂辅助电极，饱和甘汞电极，分析天平低碳钢（Q235）自制工作电极，试样表面制备用品：1000# 水砂纸、电吹风、游标卡尺；

丙酮，蒸馏水，1mol · L^{-1} HCl 溶液，缓蚀剂（乌洛托品、甲醛、羧甲基壳聚糖）。

实验装置如图 1-5-2。

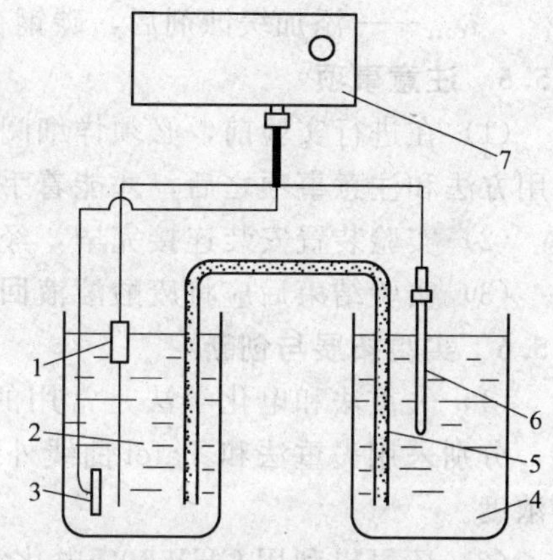

图 1-5-2　极化曲线外延法测定腐蚀速度装置图

1—辅助电极；2—极化池；3—工作电极；4—饱和 KCl 溶液；5—盐桥；6—参比电极；7—CHI660C 电化学工作站

1.5.4　实验步骤

利用 CHI660C 电化学工作站的 Tafel 曲线技术，分别测出碳钢试件在 1mol · L^{-1} HCl，1mol · L^{-1} HCl＋乌洛托品（质量分数 w＝1%），1mol · L^{-1} HCl＋甲醛（w＝3%），1mol · L^{-1} HCl＋羧甲基壳聚糖（200 mg · L^{-1}）溶液中的阴、阳极极化曲线。

（1）将作为辅助电极的铂电极清洗干净，将作为工作电极的碳钢试件用 1000# 水砂纸打磨光亮，蒸馏水清洗并用丙酮脱脂后，用游标卡尺量出其几何尺寸，算出工作面积。按装置示意图接好线路。

（2）采用 CHI660C 电化学工作站的开路电位测试技术，测出碳钢在 1mol · L^{-1} HCl 溶液中的腐蚀电位。

（3）待碳钢在溶液中的开路电位稳定后，利用 CHI660C 电化学工作站的 Tafel 曲线测试技术，测定碳钢在 1mol · L^{-1} HCl 溶液中的 Tafel 曲线。

（4）将开路电位和 Tafel 曲线测试数据结果在计算机中保存。

（5）再分别用 1mol · L^{-1} HCl＋乌洛托品（w＝1%）、1mol · L^{-1} HCl＋甲醛（w＝

3%）、1mol·L^{-1} HCl+羧甲基壳聚糖（200mg·L^{-1}）溶液作极化液，重复以上操作，测出碳钢在这三种溶液中的 Tafel 曲线。

（6）数据处理

用计算机绘制 E-lg$i$ 曲线，外延求出各腐蚀系统的腐蚀电流。并比较之。

① 利用 CHI660C 电化学工作站软件将原始数据导出，用 origin 软件作图，绘出四种体系碳钢的 E-lg$i$ 曲线，即为 Tafel 曲线。

② 利用 CHI660C 电化学工作站软件对曲线进行分析，计算出各体系碳钢的腐蚀电位 E_{corr}、腐蚀电流 i_{corr}、阴、阳极 Tafel 斜率 b_a、b_c 等数据。

③ 计算三种缓蚀剂对碳钢在 1mol·L^{-1} 盐酸中的缓蚀率。

计算乌洛托品、甲醛、羧甲基壳聚糖对碳钢在盐酸中的缓蚀效率。

$$\eta=\frac{i_{corr}^{0}-i_{corr}}{i_{corr}^{0}}\times 100\%$$

式中 i_{corr}^{0}——未加缓蚀剂时，碳钢在 1mol·L^{-1} HCl 溶液中的腐蚀电流密度；

i_{corr}——添加缓蚀剂后，碳钢在 1mol·L^{-1} HCl 溶液中的腐蚀电流密度。

1.5.5 注意事项

（1）在进行实验前，必须详细阅读 CHI660C 电化学工作站的使用说明书，在已了解其使用方法和注意事项之后，才能着手进行实验。仪器测试前应先开机预热半小时左右。

（2）实验装置安装连接完毕，经教师检查认可后方可开始实验。

（3）实验结束后应将废酸溶液回收。

1.5.6 实验拓展与创新

（1）失重法和电化学法是常用的测定腐蚀速度的方法，并可相互验证，试设计实验方案，分别采用失重法和 Tafel 曲线外延法确定羧甲基壳聚糖对 Q235 钢在海水体系缓蚀的最佳浓度。

（2）还可以利用 CHI660C 电化学工作站的哪些技术对金属腐蚀速度进行测定？

（3）Tafel 曲线外延法由于对体系产生很大的极化，因而严重干扰腐蚀体系，改变了金属与溶液的界面状态，对于现场检测并非一种很好的方法，请查阅资料，提供一种以上利于现场对缓蚀剂缓蚀效果进行测量、筛选、监控的方法。

1.5.7 思考题

（1）极化曲线外延法求取腐蚀速度适用于何种腐蚀体系？

（2）本实验的误差可能来自哪些方面？如果阳极极化曲线的数据质量差（什么原因?），能否由阴极极化曲线得到 i_{corr}、b_a、b_c？

（3）试分析三种缓蚀剂的缓蚀作用类型。

（4）测定 Tafel 曲线时，不同的扫描速度对结果有何影响？

实验 1.6 不锈钢孔蚀击穿电位的测定

1.6.1 实验目的

（1）掌握 CHI660C 电化学工作站的动电位极化测量方法，掌握仪器的使用方法

（2）了解金属耐孔蚀能力的评定方法，加深对孔蚀击穿电位、再钝化电位、环形阳极极化曲线等的理解

1.6.2 实验原理

孔蚀是破坏性和隐患性很大的腐蚀形态之一，它使设备在失重很少的情况下穿孔破坏，导致突发性生产事故。

金属表面产生孔蚀的条件是其腐蚀电位达到或超过某一临界电位 E_{br}——孔蚀电位。此电位比过钝化电位低，位于金属的钝化区。

可以采用动电位极化曲线法测出可钝化金属在腐蚀介质中的环状阳极极化曲线（如图 1-6-1），以评定金属耐孔蚀的能力。

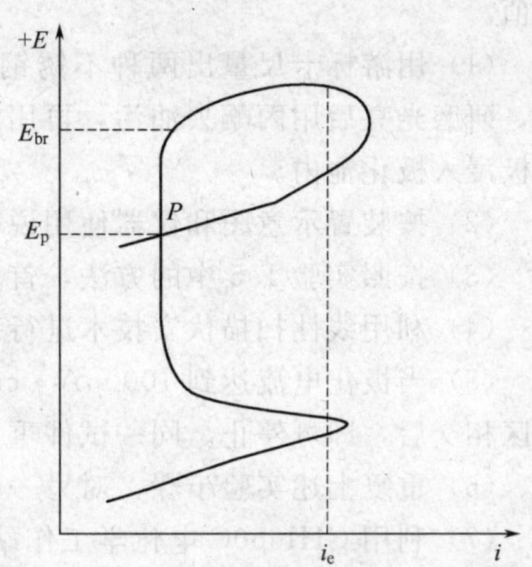

图 1-6-1 钝化金属典型的“环形”阳极极化曲线示意图

利用线性扫描装置进行动电位阳极极化时，首先按一定的扫描速度，使电位逐步增大，当达到某一临界电位时，电流密度突然剧增，此临界电位就是孔蚀电位（又称击穿电位）E_{br}。当阳极电位越过 E_{br} 继续增加到某一数值后，令电位扫描方向反转，电位降低，电流密度也减小，最后与极化曲线的钝化区相交于 P 点（图 1-6-1），P 点的电位 E_p 称为再钝化电位或称保护电位。大量的实验证明，当电位高于 E_{br} 时，钝化的金属表面将发生孔蚀；电位低于 E_p 时，钝化的金属表面不会产生新的孔蚀点，原有的腐蚀小孔也会停止发展，整个金属表面重新保持钝态，这也是 E_p 称为再钝化电位的缘故；当电位处于 E_{br} 和 E_p 之间时，只有原已存在的小孔继续发展，但不会产生新的孔蚀点。所以 E_{br} 和 E_p 是表征金属或合金耐孔蚀倾向的特征电位。E_{br} 反映了钝化膜破坏的难易，是评价钝化膜的保护性与稳定性的特征参数，E_{br} 越正，金属耐孔蚀的性能就越强；E_p 则反映了蚀孔重新钝化的难易，是评价钝化膜是否容易修复的特征电位。E_p 越正（与 E_{br} 越接近），钝化膜的自修复能力越强，即再钝化能力越强。

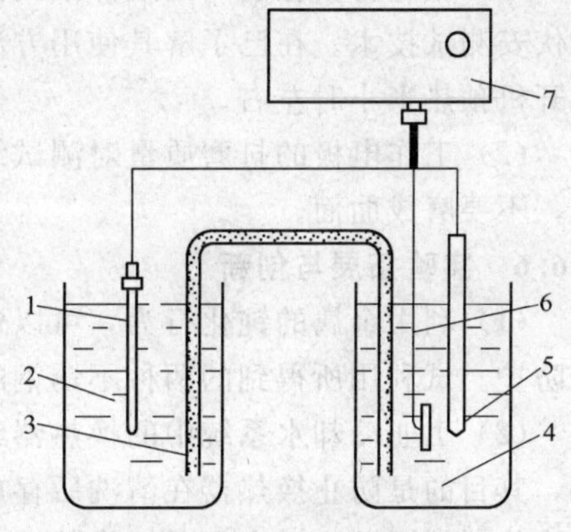

图 1-6-2 动电位法测定极化曲线装置示意图

1—参比电极；2—饱和 KCl 溶液；3—盐桥；4—3.5%NaCl 溶液；5—辅助电极；6—研究电极；7—CHI660C 电化学工作站

应该说明的是，E_{br} 和 E_p 的具体数值，受实验条件的影响很大，对于同一腐蚀体系，随着扫描速度不同，以及开始反向回扫的电流值 i_e 不同，将得到不同的 E_{br} 和 E_p 值。虽然如此，此种用动电位法测出环形阳极极化曲线，从而求出 E_{br} 和 E_p 值的方法，用来相对比较不同的金属在相同的介质条件下，抵抗孔蚀的能力仍然是适宜的。

1.6.3 实验仪器及药品

CHI660C 电化学工作站，分析天平，电吹风，铂辅助电极，饱和甘汞电极，低碳钢（Q235）自制工作电极，1000# 水砂纸，游标卡尺；

NaCl 溶液（$w=3.5\%$），丙酮，蒸馏水。

1.6.4 实验步骤

实验装置如图 1-6-2 所示。用动电位法分别测出 1Cr18Ni9Ti 和 0Cr17Ni6Mn6Mo 在

NaCl（w=3.5%）溶液中的环状阳极极化曲线，求出孔蚀电位 E_{br} 和再钝化电位 E_p，比较两种钢材耐孔蚀的能力。

线性扫描的扫描速度为 $10mV \cdot min^{-1}$，回扫电流密度为 $1000\mu A \cdot cm^{-2}$。

要求对每种钢材重复扫描四次，最后求出的 E_{br} 值应为四次环形曲线上取得的参数的平均值。

(1) 用游标卡尺量出两种不锈钢试件的几何尺寸，再用1000# 水砂纸打磨试件工作表面，研磨光亮后用丙酮去油污，再用浸无水乙醇的棉球擦拭，滤纸吸干，即可分别作为研究电极浸入极化池内。

(2) 按装置示意图和仪器使用说明书的要求接好线路实验。

(3) 按照实验1.5中的方法，首先测出研究电极的腐蚀电位。

(4) 利用线性扫描伏安技术进行动电位极化，线性扫描速度为 $10mV \cdot min^{-1}$。

(5) 当极化电流达到 $1000\mu A \cdot cm^{-2}$ 时，使电位扫描方向反转，回扫至与极化曲线在钝化区相交后，即可停止。同一试件重复扫描四次。

(6) 重复上述实验步骤，对另一种不锈钢试件在 NaCl（w=3.5%）溶液中进行测试。

(7) 利用 CHI660C 电化学工作站软件将原始数据导出，用 origin 软件作图，由所绘出的环形阳极极化曲线，求出 E_{br} 和 E_p 值，并进行分析、比较。

1.6.5 注意事项

(1) 在进行实验前，必须详细阅读 CHI660C 电化学工作站的使用说明书，熟悉线性扫描伏安测试技术。在已了解其使用方法和注意事项之后，才能着手进行实验。仪器测试前应先开机预热半小时左右。

(2) 工作电极的打磨质量对测试结果及精度有很大影响，注意打磨时要保证测试面为平面，不要磨成曲面。

1.6.6 实验拓展与创新

(1) 利用金属的钝化行为，可以通过阳极保护的方法对金属在能发生钝化的体系进行腐蚀防护。试利用所得到的两种不锈钢的实验数据，制定阳极保护的相应参数。

(2) 工业冷却水系统中的换热器经酸洗后如果暂时不使用，需要进行钝化，然后加以封存，其目的是防止换热器在清洗后存放期间发生腐蚀生锈。试查阅文献，给出三种以上碳钢制换热器的绿色、无毒、无污染的钝化液配方。

1.6.7 思考题

(1) 在阳极极化过程中，辅助电极上发生什么反应？

(2) 阳极保护中的极化电流密度与金属腐蚀速度有何关系（按极化大小说明）？

(3) 影响击穿电位和孔蚀保护电位数值的测量方面因素有哪些？如何才能使实验结果对于比较金属材料耐孔蚀性能有实际意义？

(4) 为什么扫描速度越大，测出的击穿电位越正？

参考文献

[1] 王温银，王振中，史月丽．工程材料实验［M］．徐州：中国矿业大学出版社，2005.

[2] 谷志刚．材料科学与工程专业实验教程［M］．沈阳：东北大学出版社，2009.

[3] 盛国裕．工程材料测试技术［M］．北京：中国计量出版社，2007.

[4] 金保森，卢智先．材料力学实验［M］．北京：机械工业出版社，2003.

[5] 熊丽霞，吴庆华．材料力学实验［M］．北京：科学出版社，2006.

[6] 郑修麟．材料的力学性能［M］．第 2 版．西安：西北工业大学出版社，2001.
[7] 魏宝明．金属腐蚀理论及应用［M］．北京：化学工业出版社，1984.
[8] 吴荫顺．金属腐蚀研究方法［M］．北京：冶金工业出版社，1993.
[9] 陈匡民．过程装备腐蚀与防护［M］．北京：化学工业出版社，2001.
[10] 曹楚南．腐蚀电化学原理［M］．第 2 版．北京：化学工业出版社，2004.
[11] 中国腐蚀与防护学会．腐蚀与防护全书：缓蚀剂［M］．北京：化学工业出版社，1988.
[12] 郭稚弧．缓蚀剂及其应用［M］．武昌：华中工学院出版社，1987.
[13] 中国腐蚀与防护学会．腐蚀与防护全书：腐蚀实验方法与防腐蚀检测技术［M］．北京：化学工业出版社，1995.
[14] 朱日彰．金属腐蚀学［M］．北京：冶金工业出版社，1989.

第 2 篇

无机非金属材料化学实验

实验 2.1　水解法制备 α-Al_2O_3 超细粉末

2.1.1　实验目的

（1）掌握水解法制备超细粉末的工艺流程并了解其主要影响因素

（2）熟练掌握酸度计和真空泵的操作使用

2.1.2　实验原理

水解法是利用金属盐在一定条件下水解生成氧化物、氢氧化物或水合物，经洗涤、干燥、煅烧等处理后制备超细粉末的方法。根据所用金属盐的种类可将其分为无机盐水解法和金属醇盐水解法。有机醇盐水解法由于不需添加碱就能进行加水分解，且没有有害阴离子和碱金属离子，是制备高纯超细颗粒的理想方法之一，但其成本高，过程不易有效控制。无机盐水解法所用原料价低易得，通过配制无机盐的水合物，控制其水解条件，可合成单分散性的球、立方体等形状的超细颗粒。

本实验以 $Al(NO_3)_3 \cdot 9H_2O$ 为原料，铝盐溶解于纯水中电离出 Al^{3+}，并溶剂化，其存在状态受溶液 pH 值的影响，在酸性溶液中，铝以 $[Al(H_2O)_n]^{3+}$（$n=1\sim6$）水合离子的形式存在。在碱性溶液中，其主要存在形式为 $Al(OH)_n^{3-n}$，pH 值达一定值后，形成 $Al(OH)_3$沉淀。沉淀经洗涤去杂质离子，干燥去水，最后经热处理得到一定晶相的超细氧化铝粉。

2.1.3　实验仪器及药品

$Al(NO_3)_3 \cdot 9H_2O$（AR，$M=375.1$），脲（尿素）$CO(NH_2)_2$（AR，$M=60.0$），表面活性剂十二烷基硫酸钠［SDS，$CH_3(CH_2)_{11}OSO_3Na$，$M=288.39$］，氨水，蒸馏水。

恒温磁力搅拌器一套、抽真空装置一套（真空泵、锥形瓶、布氏漏斗、滤纸）或离心机一台、分析天平、烘箱、高温炉、烧杯、带塞试管、X 射线衍射仪、透射电镜、粒度分析仪。

2.1.4　实验步骤

（1）计算物料　$Al(NO_3)_3 \cdot 9H_2O$ 0.02mol，$Al(NO_3)_3 \cdot 9H_2O$、$CO(NH_2)_2$、水物质的量比为 $1:X:Y$，其中 $X=10$、20、30，$Y=60$、90。

（2）称取物料　准确称取各物料，同组物料置于同一烧杯中。

（3）磁力搅拌　将烧杯置于磁力搅拌器上，40℃水浴加热下搅拌 1h 至透明均匀溶液，测其 pH 值。

(4) 恒温水解　将上述溶液倒入试管中，密闭后放入烘箱恒温，烘箱温度为 60℃、70℃、80℃、90℃中的任一温度，开始计时，放置 24h，并每隔一定时间测某些样品的 pH 值，注意观察出现胶体状态的时间。

(5) 抽滤　上述水解后的样品，用真空泵抽滤或用离心机离心分离，所得沉淀用蒸馏水洗涤多次。

(6) 干燥　将洗涤过的沉淀物放入烘箱中干燥，温度由低到高（最高 105℃），直至恒重。

(7) 煅烧　干燥后粉体放入高温电炉中，在不同温度下进行煅烧。

(8) 煅烧后粉体用 XRD 分析其晶体结构，用透射电镜观察粉体颗粒大小、形状、团聚状态，用粒度分析仪测定粉体粒度及其粒度分布。并分析配料比、水解温度、煅烧温度等对粉体性能的影响。

(9) 实验记录　将实验测定的反应时间与 pH 值记录入表 2-1-1 中。

(10) 数据处理　以 pH 值为纵坐标，以时间 t 为横坐标，画出所测样品的 pH-t 关系图。

表 2-1-1　反应时间与 pH 值记录表

样号	$Al(NO_3)_3\cdot 9H_2O$/g	$CO(NH_2)_2$/g	H_2O/g	pH-t(h)	pH-t(h)	pH-t(h)	pH-t(h)
1							
2							
3							
4							
5							
6							

(11) 根据透射电镜、粒度分布仪、XRD 测试结果，分析配料比、水解温度、煅烧温度等对粉体性能的影响，并解释。

2.1.5　注意事项

(1) 抽滤时要正确使用真空泵，并注意滤纸不被抽破，用离心机离心时，要注意离心管及所盛样品总量的平衡。

(2) 测样品 pH 值前，注意用标准液校对，测量时要快。

(3) 高温炉中取放样品时，注意安全操作。

2.1.6　实验拓展与创新

液相法制备超细粉末过程中存在的最大问题是粉末的团聚，表面活性剂的起泡性能使颗粒与表面活性剂及空气形成固、液、气三相混合物泡沫，从而使颗粒之间距离增大，非离子型高分子表面活性剂的空间位阻作用也有助于消除粉末的团聚。

2.1.7　思考题

(1) 实验中是否可用氨水代替脲，用脲有何优点?

(2) 水解沉淀法中影响颗粒大小的因素有哪些?

(3) 加表面活性剂的作用是什么?

实验 2.2　陶瓷的高温烧成

2.2.1　实验目的

（1）掌握按照材料配方和原料化学成分进行坯料计算和制备坯料的方法

（2）掌握陶瓷烧成温度和烧成制度对材料性能的影响

（3）熟悉实验室常用高温实验仪器设备的使用方法

（4）了解实验材料的烧成缺陷和合理的材料烧成温度制度

2.2.2　实验原理

陶瓷材料在烧成过程中，随着温度的升高，将发生一系列的物理化学变化。例如，原料的脱水和分解，新化合物的生成，易熔物的熔融等。随着温度的逐步升高，新生成的化合物量不断变化，液相的组成、数量及黏度也不断变化，坯体的气孔率逐渐降低，坯体逐渐致密，直至密度达到最大值，此种状态称为“烧结”。坯体在烧结时的温度称为“烧结温度”。

陶瓷材料的烧结过程将成型后的可密实化的粉末，转化为一种通过晶界相互联系的致密晶体结构。陶瓷生坯经过烧结后，其烧结物往往就是最终产品。陶瓷材料的质量与其原料、配方以及成型工艺、陶瓷制品的性能、烧结过程等有很大关系。因此，一般建筑卫生瓷的烧结除了要通过控制烧结条件，以形成所需要的物相和防止晶粒异常长大外，还要严格控制高温下生成的液相量。液相量过少，制品难以密实；液相量过多，则易引起制品变形，甚至产生废品。

烧结后若继续加热，温度升高，坯体会逐渐软化（烧成工艺上称为过烧），甚至局部熔融，这时的温度称为“软化温度”。烧结温度和软化温度之间的温度范围称为“烧结温度范围”。

2.2.3　实验仪器及药品

高温电阻炉（最高温度 1350℃），天平（精确度 0.001g），抽真空装置，坩埚钳，石棉手套，护目镜，干燥器，烧杯，金属丝网，纱布等。

垫砂（煅烧 SiO_2 粉或 Al_2O_3 粉），煤油。

2.2.4　实验步骤

（1）试样制备

试样制备的方法有注浆成型、可塑成型、半干压成型、干压成型等。本实验是将制备好的粉料加入 5%～7%的水，以 20～30MPa 的压力压制成 50mm×50mm×8mm 的生坯。将试样编号后自然干燥一天，阴干发白后放在 105～110℃的烘箱内烘干至恒重，然后放置干燥器中冷却至室温。

（2）试样称量与烧结

① 分别称取生坯试样干燥后的质量。

② 分别称取试样饱和煤油后在煤油和空气中的质量。

③ 将称好质量的试样置入 110℃的烘箱内排尽煤油。

④ 按编号将试样置入高温炉内。装炉时，试样与炉底间以煅烧过的石英粉或 Al_2O_3 粉隔离。试样之间的距离为 10mm。

⑤ 检查电炉正常后，开始按设定的升温曲线加热，按预定的温度保温后取样。

升温速率为：室温至　1100℃，100℃ · h^{-1}

1100℃至烧结完成，50℃·h^{-1}

取样温度为：300～900℃，每间隔100℃取样3个

900～1200℃，每间隔50℃取样3个

1200℃～烧结完成，每间隔15℃取样3个

⑥ 取样前，在每个取样温度点保温15～20min。试样取出后迅速埋于预热后的 Al_2O_3 粉中或预热的马弗炉内，试样冷却后刷去表面的黏砂，然后置于110℃烘箱中烘至恒重，放入干燥器中冷却至室温。

⑦ 以900℃以下烧结的试样为第一组，按编号分别测定试样在饱吸煤油后在煤油中和空气中的质量。

⑧ 以900℃以上的试样为第二组，分别测定试样在饱吸水后在水中和在空气中的质量。

(3) 实验记录及数据处理

按表2-2-1填入记录的试验数据。

按下列公式进行各参数的计算：

$$V_0=\frac{G_2-G_1}{\gamma_{油}} \qquad V=\frac{G_5-G_4}{\gamma_{水}} \qquad 干燥气孔率=\frac{G_2-G_0}{G_2-G_1}\times 100\%$$

$$烧后气孔率=\frac{G_5-G_3}{G_5-G_4}\times 100\% \qquad 烧后体积密度=\frac{G_3}{(G_5-G_4)/\gamma_{水}}\times 100\%$$

$$烧后体积收缩率=\frac{V_0-V}{V_0}\times 100\% \qquad 烧后吸水率=\frac{G_5-G_3}{G_3}\times 100\%$$

$$烧后失重=\frac{G_0-G_3}{G_0}\times 100\%$$

式中 G_0——干燥试样在空气中的质量，g；

G_1——干燥试样饱吸煤油后在煤油中的质量，g；

G_2——干燥试样饱吸煤油后在空气中的质量，g；

G_3——烧后试样在空气中的质量，g；

G_4——烧后试样饱吸煤油（水）后在煤油（水）中的质量，g；

G_5——烧后试样饱吸煤油后在空气中的质量，g；

$\gamma_{水}$——测试温度下水的密度，g·cm^{-3}；

$\gamma_{油}$——测试温度下煤油的密度，g·cm^{-3}；

V_0——干燥试样的体积，mL；

V——烧结后试样的体积，mL。

表 2-2-1 陶瓷烧结实验记录

试验编号	取样温度/℃	试样重/g	饱吸水后水中重 G_2/g	饱吸水后空气中重 G_3/g	体积/mL	收缩率/%	体积密度/g·cm^{-3}	吸水率/%	气孔率/%	失重/%
1										
2										
3										
4										
5										
6										

作图：

在坐标纸上以湿度为横坐标，画出体积密度、气孔率和收缩率曲线，从曲线上确定烧结温度和烧结温度范围。

2.2.5 注意事项

(1) 制备试验用的泥料不能有气孔等缺陷。从电炉中取出试样必须保证不炸裂。

(2) 一般以体积密度、体积收缩率和吸水率来确定烧结温度和烧结温度范围，必要时要采用显微结构观察和力学性能测试的方法来确定烧结温度和烧结温度范围。

(3) 本测试方法也可用来测定黏土的烧结温度范围。

2.2.6 实验拓展与创新

传统陶瓷功能化：采用传统陶瓷的工艺，在陶瓷坯料或釉料配料时加入具有特殊性能的材料，从而制得具有特殊功能的陶瓷。近年来传统陶瓷功能化的发展方向大体为保健抗菌陶瓷、磁性日用陶瓷和发光陶瓷。

通过引入无机抗菌剂与陶瓷坯料或釉料的传统原料相结合，经一定的烧成制度烧成而制得具有抗菌性能的陶瓷坯或陶瓷釉。

方法一　将抗菌材料加入釉料中通过适当的烧成制度制备抗菌釉，从而得到抗菌陶瓷制品。如在釉中引入银系无机抗菌剂，釉料配方的设计最关键，直接影响陶瓷的抗菌效果和釉面质量。烧成制度也是一个重要的影响因素。

方法二　在普通卫生陶瓷表面采用高温溶胶-凝胶法被覆 TiO_2 膜以制造光催化卫生陶瓷，还可以同时在 TiO_2 中掺杂银、铜等金属离子以提高其功效。

2.2.7 思考题

(1) 陶瓷最高烧成温度确定的原则是什么?

(2) 如何判定陶瓷制品的烧成质量?

实验 2.3　粉体真密度的测定

2.3.1 实验目的

(1) 熟练掌握浸液-比重瓶法测定粉体的真密度

(2) 掌握浸液-比重瓶法测定粉体真密度的原理及影响测定真密度的因素

(3) 了解真空实验系统的装置与操作

2.3.2 实验原理

粉体的真体积不包括存在于颗粒内部的封闭空洞。粉体质量与其真体积之比称为真密度，真密度是粉体的基本性质之一，真密度的测定方法主要有浸液法和气体容积法。

气体容积法是以气体取代液体测定试样所排出的体积，此法排除了浸液法对试样溶解的可能性，具有不损坏试样的优点。但测定时易受温度以及气密性等因素的影响。气体容积法又分为定容积法与不定容积法。

浸液法是将粉末浸入在易润湿颗粒表面的浸液中，测定其所排出液体的体积。但因固体粉中存在空隙，此法须完全排除空隙中的气泡。浸液选取的原则是：首先粉体不溶解于浸液；其次是粉体不和浸液反应；第三粉体的直径一般大于 5μm（避免超细粉体强烈地吸附气体）。真空脱气操作有加热（煮沸）法和减压法，本实验采用减压法。浸液法测定粉末颗粒密度主要有比重瓶法和悬吊法。比重瓶法测定粉体真密度具有仪器简单、操作方便，结果可靠等优点，已成为目前应用较多的测定真密度的方法，本实验采用比重瓶法。

通过抽真空脱除粉体空隙中的气体，粉体在比重瓶内占据的空间为其真体积，结合阿基米德浮力原理和实验条件，可以测定出测试温度下粉体的真密度 ρ。

实验装置如图 2-3-1 所示。

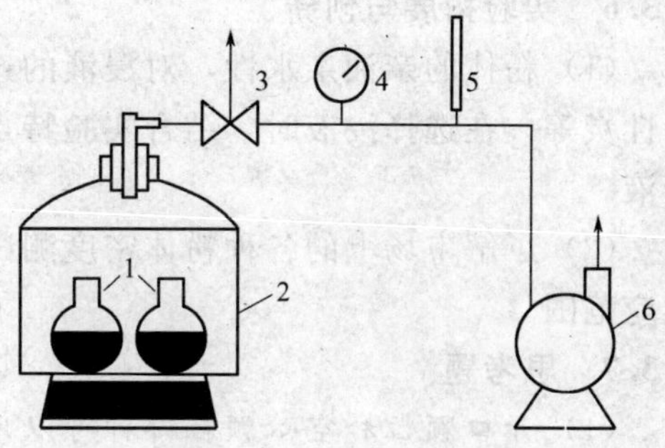

图 2-3-1　实验装置图

1—比重瓶；2—真空干燥器；3—三通开关；4—压力表；5—温度计；6—真空泵

以 m_b 表示瓶重，以 m_{bs} 表示瓶重＋轻质碳酸钙粉体质量，以 m_{bsl} 表示瓶重＋轻质碳酸钙粉体质量＋满载浸液质量，以 m_{bl} 表示瓶重＋满载浸液质量，则：

真密度 ρ 计算公式可以表示如下：

$$\rho=\frac{m_s}{m_l}=\frac{m_{bs}-m_b}{(m_{bl}-m_b)-(m_{bsl}-m_{bs})}\rho_l$$

式中　ρ_l——测试温度下浸液密度，$g \cdot cm^{-3}$。

2.3.3　实验仪器与药品

真空干燥器，循环水式真空泵，容量瓶，电子天平；

轻质碳酸钙粉，蒸馏水。

2.3.4　实验步骤

取轻质碳酸钙粉粉末，混合后四分法分份。

取比重瓶 1、2 和 3，分别称量瓶重 m_b（瓶）。加入约为比重瓶容量 1/3 的轻质碳酸钙粉体试样，称重 m_{bs}（瓶＋粉）。再加入蒸馏水浸液至比重瓶容量的 2/3 处。置于真空干燥器中，启动真空泵，0.1MPa 下抽气 15～20min，注意观察气泡。结束后，取出比重瓶，加满浸液，称其质量 m_{bsl}（瓶＋粉＋液）。将比重瓶洗干净后，再加满浸液，称其质量 m_{bl}（瓶＋液）。

数据记录在表 2-3-1 中。

表 2-3-1　实验数据记录表

瓶　　号	1	2	3
瓶重 m_b/g			
(瓶＋粉)重 m_{bs}/g			
(瓶＋粉＋液)重 m_{bsl}/g			
(瓶＋液)重 m_{bl}/g			
真密度 ρ/$g \cdot cm^{-3}$			
平均值 ρ/$g \cdot cm^{-3}$			

2.3.5　注意事项

(1) 根据 Burt. M. W. G《Powdertechnol》1973 年研究结论，比重瓶法不适用粒度小于 5μm 的超细粉体，其表面强烈吸附的气体常需要高温真空下去除。

(2) 真空脱气操作的减压过程中，注意减压速度，勿使液体暴沸。抽气时间不宜过短。

2.3.6 实验拓展与创新

（1）粉体的亲油亲水性，对浸液的选择有着重要影响。各种矿物粉末如石英、滑石以及活性炭等，在选择浸液时，结合实验特点，需要注意哪些问题，并针对各种粉体提出合适的浸液。

（2）了解市场上的各种粉体密度测试仪。进一步了解其测试标准、原理、指标、特点与适应范围。

2.3.7 思考题

（1）开口颗粒和空心颗粒哪种可以用浸液-比重瓶法测定？

（2）浸液-比重瓶法测定真密度的原理是什么？

（3）影响测定真密度的主要因素是什么？

（4）测定真密度有什么意义？如何从真密度的数据来分析试样的质量？

实验 2.4 粉体比表面的测定——固液吸附法

2.4.1 实验目的

（1）掌握用溶液吸附法测定活性炭的比表面

（2）了解溶液吸附法测定比表面的基本原理

2.4.2 实验原理

比表面是指单位质量（或单位体积）的物质所具有的表面积，其数值与分散粒子大小有关，是衡量材料催化、气敏等性能的重要指标。固体比表面常用的测定方法有溶液吸附法、BET 低温吸附法、电子显微镜法和气相色谱法等。后三者都需要复杂的仪器装置或较长的实验时间。而溶液吸附法则仪器简单，操作方便。本实验用亚甲基蓝水溶液吸附法测定活性炭的比表面。

亚甲基蓝是易于被固体吸附的水溶性染料，研究表明，在一定浓度范围内，活性炭和大多数固体一样对亚甲基蓝的吸附，在一定的浓度范围内是单分子层吸附，符合朗格缪尔（Langmuir）吸附等温式。根据朗格缪尔单分子层吸附理论，当亚甲基蓝与活性炭达到饱和吸附时，吸附与脱附处于动态平衡。这时亚甲基蓝分子铺满整个活性粒子表面而不留下空位。

朗格缪尔吸附理论的基本假设是：固体表面是均匀的，是单分子层吸附。吸附达到平衡时，吸附和脱附建立动态平衡。吸附平衡前，吸附速率与空白表面成正比，解吸速率与覆盖度成正比。

设固体表面的吸附位总数为 N，覆盖度为 θ，溶液中吸附质的浓度为 c，根据上述假定，有

吸附速率：$r_{吸}=k_1N(1-\theta)c$（k_1 为吸附速率常数）

脱附速率：$r_{脱}=k_{-1}N\theta$　　（k_{-1}为脱附速率常数）

当达到吸附平衡时：$r_{吸}=r_{脱}$ 即 $k_1N(1-\theta)c=k_{-1}N\theta$

由此可得：
$$\theta=\frac{kc}{1+Kc} \tag{2-4-1}$$

式中 $K=k_1/k_{-1}$称为吸附平衡常数，其值取决于吸附剂和吸附质的性质及温度，K 值

越大，固体对吸附质吸附能力越强。若以 Γ 表示吸附平衡浓度 $c(\mathrm{mol \cdot dm^{-3}})$ 时每千克吸附剂的平衡吸附量（$\mathrm{mol \cdot Kg^{-1}}$），以 Γ_∞ 表示每千克吸附剂全部吸附位被占据时单分子层吸附量，即每千克吸附剂的饱和吸附量（$\mathrm{mol \cdot kg^{-1}}$）。

则：

$$\Gamma = \Gamma_\infty \frac{Kc}{1+Kc} \tag{2-4-2}$$

整理式(2-4-2) 得到如下形式

$$\frac{c}{\Gamma} = \frac{c}{\Gamma_\infty} + \frac{1}{\Gamma_\infty K} \tag{2-4-3}$$

以 c/Γ 对 c 作图，从直线斜率可求得 Γ_∞，再结合截距便可得到 K。

Γ_∞ 指每千克吸附剂对吸附质的饱和吸附量（$\mathrm{mol \cdot kg^{-1}}$），若每个吸附质分子在吸附剂上所占据的面积为 a_A，则吸附剂的比表面积可以按照下式计算：

$$S = \Gamma_\infty \times L \times a_A \tag{2-4-4}$$

式中 S 为吸附剂的比表面积（$\mathrm{m^2 \cdot kg^{-1}}$），$L$ 为阿伏加德罗常数。

亚甲基蓝的结构为：

H_3C N CH_3 N S^+ N CH_3 CH_3 Cl^- $\cdot 3H_2O$

亚甲基蓝的分子量为 373.90，阳离子大小为 $17.0 \times 7.6 \times 3.25 \times 10^{-30}\,\mathrm{m^3}$，亚甲基蓝的吸附有三种取向：正面吸附投影面积为 $135 \times 10^{-20}\,\mathrm{m^2}$，侧面吸附投影面积为 $75 \times 10^{-20}\,\mathrm{m^2}$，端基吸附投影面积为 $39 \times 10^{-20}\,\mathrm{m^2}$。在非石墨型的活性炭上亚甲基蓝取向为端基吸附，吸附在活性炭表面，因此 $a_A = 39 \times 10^{-20}\,\mathrm{m^2}$。

根据光吸收定律，当入射光为一定波长的单色光时，某溶液的吸光度与溶液中有色物质的浓度及溶液层的厚度成正比

$$A = -\lg \frac{I}{I_0} = \varepsilon bc \tag{2-4-5}$$

式中，A 为吸光度，I_0 为入射光强度，I 为透过光强度，ε 为吸光系数，b 为光径长度或液层厚度，c 为溶液浓度（$\mathrm{mol \cdot dm^{-3}}$）。

亚甲基蓝溶液在可见区有 2 个吸收峰：445nm 和 665nm。但在 445nm 处活性炭吸附对吸收峰有很大的干扰，故本试验选用的工作波长为 665nm，并用分光光度计进行测量。

实验首先测定一系列已知浓度的亚甲基蓝溶液的吸光度，绘出 A-C 工作曲线，再在 A-C曲线上查得对应的浓度，然后测定亚甲基蓝原始液及平衡液的吸光光度值。此时吸附剂（活性炭）的 Γ 可按下式计算：

$$\Gamma = \frac{(c_{始} - c_{平}) \times V_{溶液}}{m} \tag{2-4-6}$$

式中，Γ 表示吸附平衡浓度 c 时每千克吸附剂的平衡吸附量（$\mathrm{mol \cdot kg^{-1}}$）；$c_{始}$、$c_{平}$ 分别为原始液和平衡液中吸附质亚甲基蓝的浓度（$\mathrm{mol \cdot dm^{-3}}$）；$V_{溶液}$ 为吸附质亚甲基蓝的溶液的加入量（$\mathrm{dm^3}$）；m 为吸附剂活性炭的质量（kg）。

经 A-C 工作曲线查出 $c_{始}$、$c_{平}$，代入（2-4-6）式，计算出 Γ 值。再按（2-4-3）式中的关系以 c/Γ 对 c 作图，根据斜率求得 Γ_∞ 值。最终代入（2-4-4）式求出 S 值，即固体吸附剂

的比表面积。

2.4.3 实验仪器及药品

72型分光光度计1套，振荡器1台，电子天平1台，离心机1台，1.00mL、10.00mL、20.00mL移液管各1支，磨口三角烧瓶（100mL）6只，容量瓶（100mL）5只；

亚甲基蓝原始溶液1.0000g·dm^{-3}，亚甲基蓝标准溶液0.1000g·dm^{-3}，颗粒活性炭（非石墨型，置于马弗炉中500℃活化1h，然后置于干燥器中备用，实验前由实验室准备好）。

2.4.4 实验步骤

（1）不同浓度样品溶液的制备

① 溶液吸附　取100mL磨口三角烧瓶6只，分别加入准确称量的活化过的活性炭0.1000g，再分别加入20.00mL、25.00mL、30.00mL、35.00mL、40.00mL、45.00mL（$V_{溶液}$）浓度为1.0000g·dm^{-3}的亚甲基蓝原始溶液，塞上磨口塞子，然后放在振荡器上振荡3h。

② 配制亚甲基蓝标准溶液　用移液管分别量取2mL、4mL、6mL、8mL、10mL浓度为0.1000g·dm^{-3}的标准亚甲基蓝溶液于100mL容量瓶中，用蒸馏水稀释至刻度，即得浓度分别为2mg·dm^{-3}、4mg·dm^{-3}、6mg·dm^{-3}、8mg·dm^{-3}、10mg·dm^{-3}的标准溶液。

③ 制备吸附平衡液　将装有吸附溶液的磨口瓶振荡3h后，分别取平衡液5mL放入离心管中，用离心机离心5min，得到澄清的上层溶液。取1.00mL上层清液放入100mL容量瓶中，并用蒸馏水稀释到刻度。

（2）用分光光度计测定不同浓度样品溶液的吸光度

表2-4-1　标准溶液的吸光度记录表

溶液/mg·dm^{-3}	2	4	6	8	10	原始液	平衡液
吸光度							

在665nm工作波长下，依次分别测定2mg·dm^{-3}、4mg·dm^{-3}、6mg·dm^{-3}、8mg·dm^{-3}、10mg·dm^{-3}标准溶液及稀释后的原始液和平衡液的吸光度测定值记录于表2-4-1中。

（3）数据记录与处理

① 不同浓度样品溶液的吸光度

② 作A-c工作曲线。

③ 计算亚甲基蓝原始液$c_{始}$；通过工作曲线求$c_{平}$，从A-c工作曲线上查得出平衡液的测定浓度$c_{平}$，然后乘以稀释倍数100，即得$c_{平}$。将$c_{始}$和$c_{平}$记入表2-4-2中。

表2-4-2　样品溶液的浓度值记录表

磨口三角瓶序号	1	2	3	4	5	6
$c_{始}$						
平衡液吸光度						
$c_{平}$						

④ 计算比表面积。

2.4.5 注意事项

（1）原始溶液和标准溶液的浓度要准确配制，原始液及吸附平衡后溶液的浓度都应选择适当的范围，本实验原始溶液的浓度为 1.0000g·dm^{-3}，平衡溶液的浓度应不小于 0.5 g·dm^{-3}。

（2）活性炭颗粒要均匀，且称重应尽量准确。

（3）振荡时间要充足，以达到吸附饱和，一般不要小于 3h。

（4）测量吸光度时，要按照由稀到浓的顺序进行，每个溶液测三次，取平均值。

2.4.6 实验拓展与创新

市场上的比表面测定仪，以固气吸附理论为基础，进行测定。根据计算比表面积理论方法不同可分为：直接对比法比表面积分析测定、Langmuir 法比表面积分析测定和 BET 法比表面积分析测定等。请进一步了解其测定原理、特点和适应范围。

2.4.7 思考题

（1）影响测定结果的因素有哪些？

（2）比表面积的测定与温度、吸附质浓度、吸附剂颗粒、吸附时间等有什么关系？

（3）用分光光度计测定亚甲基蓝水溶液的浓度时，为什么还要将溶液再次稀释到 mg·dm^{-3}级浓度才进行测量？

（4）如何判断溶液中吸附达到了平衡。

（5）根据本实验数据，算出各平衡浓度下的覆盖度 θ，及达到饱和吸附时的溶液平衡浓度。

实验 2.5 粉体粒度及其分布测定

2.5.1 实验目的

（1）掌握用激光粒度分布仪测定粉体粒度分布的基本原理和操作方法

（2）掌握测试样品制备的步骤和注意要点

（3）了解粉体粒度测试结果数据分析处理和影响测试结果的主要因素

2.5.2 实验原理

粉体是由许多粒度分散、大小不连续的颗粒所组成的集合体（也称为颗粒群）。颗粒的直径称为粒径，粒度是指粒径的大小。组成粉体的颗粒绝大多数不是圆球形的，形状不规则，有片状的、针状的、多棱状的等等，不能直接用直径这个概念来表示其大小。因此，粒度用等效粒径、筛网目数、粒度等表示。

（1）等效粒径

等效粒径指当一个颗粒的某一物理特性与同质的球形颗粒相同或相近时，用该球形颗粒的直径来代表这个实际颗粒的直径。这个球形颗粒的粒径就是该实际颗粒的等效粒径。等效粒径具体有如下几种：

① 等效体积径是指与实际颗粒体积相同的球的直径。一般认为激光法所测的直径为等效体积径。

② 等效沉速径是指在相同条件下与实际颗粒沉降速度相同的球的直径。沉降法所测的粒径为等效沉速径，又叫 Stokes 径。

③ 等效电阻径是指在相同条件下与实际颗粒产生相同电阻效果的球形颗粒的直径。库尔特法所测的粒径为等效电阻径。

④ 等效投影面积径是指与实际颗粒投影面积相同的球形颗粒的直径。显微镜法和图像法所测的粒径大多是等效投影面积直径。

(2) 筛网目数

目数就是孔数，是指每平方英寸筛网上的孔眼数目，50 目就是指每平方英寸上的孔眼是 50 个，500 目就是 500 个，目数越高，孔眼越多。除了表示筛网的孔眼外，它同时用于表示能够通过筛网的粒子的粒径，目数越高，粒径越小。标准筛需要配合标准振筛机才能准确测定。

(3) 粒度

粉体颗粒大小称颗粒粒度。由于颗粒形状很复杂，通常有筛分粒度、沉降粒度、等效体积粒度、等效表面积粒度等几种表示方法。筛分粒度就是颗粒可以通过筛网的筛孔尺寸，以 1 英寸（25.4mm）宽度的筛网内的筛孔数表示，因而称之为“目数”。由于存在开孔率的问题，也就是因为编织网时用的丝的粗细的不同，不同的国家的标准也不一样，目前存在美国标准、英国标准和日本标准三种，其中英国和美国的相近，日本的差别较大。我国使用的是美国标准。各国标准的具体规格各有出入，但筛系大体上是按比例制定的。

目前国际上比较常用等效体积颗粒的计算直径来表示粒径。以 μm 或 mm 表示。标准筛目数与粒度的对照表见附录 7。

(4) 表示粒度特性的几个关键指标

① D50：一个样品的累计粒度分布百分数达到 50%时所对应的粒径。它的物理意义是粒径大于它的颗粒占 50%，小于它的颗粒也占 50%，D50 也叫中位径或中值粒径。D50 常用来表示粉体的平均粒度。

② D97：一个样品的累计粒度分布数达到 97%时所对应的粒径。它的物理意义是粒径小于它的颗粒占 97%。D97 常用来表示粉体粗端的粒度指标。其他如 D10、D90 等参数的定义与物理意义与 D97 相似。

③ 比表面积：单位质量的颗粒的表面积之和。比表面积的单位为 $m^2 \cdot g^{-1}$。比表面积与粒度有一定的关系，粒度越细，比表面积越大，但这种关系并不一定是正比关系。

(5) 粒度测试的重复性

是指同一个样品多次测量结果之间的偏差。重复性指标是衡量一个粒度测试仪器和方法好坏的最重要的指标。其计算方法是：

$$\sigma=\sqrt{\frac{\sum(X_i-X)^2}{n-1}}$$

重复性的相对误差为：

$$\delta=\frac{\sigma}{X}\times100\%$$

式中 n——测量次数（一般 $n\geqslant10$）；

X_i——每次测试结果的典型值（一般为 $D50$ 值）；

X——多次测试结果典型值的平均值；

σ——标准差；

δ——重复性相对误差。

影响粒度测试重复性有仪器和方法本身的因素、样品制备方面的因素、环境与操作方面的因素等。粒度测试应具有良好的重复性是对仪器和操作人员的基本要求。

(6) 粒度分布

粒度分布通常是指某一粒径或某一粒径范围的颗粒在整个粉体中占多大的比例。它可用简单的表格、绘图和函数形式表示颗粒群粒径的分布状态。颗粒的粒度、粒度分布及形状能显著影响粉末及其产品的性质和用途。例如，水泥的凝结时间、强度与其细度有关；陶瓷原料和坯釉料的粒度及粒度分布影响着许多工艺性能和理化性能；磨料的粒度及粒度分布决定其质量等级等。为了掌握生产线的工作情况和产品是否合格，在生产过程中必须按时取样并对产品进行粒度分布的检验，粉碎和分级也需要测量粒度。

(7) 粉体粒度的测试方法

粉体粒度的测试方法有多种：筛分法、显微镜法、沉降法和激光法等。本实验用激光法测定粉体粒度分布。

激光颗粒分析方法是近年来发展较快的一种测试方法。该方法是利用光线照射到颗粒上时会发生散射和衍射，而其散射、衍射光强度均与粒子的大小有关，因此应用夫朗和费衍射和 MIE 散射理论就可求得粒径分布。其基本原理为：激光经过透镜组扩束成具有一定直径的平行光，照射到测量样品池中的颗粒悬浮液时，产生衍射，经傅氏（傅里叶）透镜的聚焦作用，在透镜的焦平面上形成一中心圆斑和围绕圆斑的一系列同心圆环，圆环的直径随衍射角的大小即随颗粒的直径而变化，粒径越小，衍射角越大，圆环直径亦大；在透镜的后焦平面位置设有一多元光电探测器，能将颗粒群衍射的光通量接收下来，光-电转换信号再经模数转换，送至计算机处理，根据夫朗和费衍射原理关于任意角度下衍射光强度与颗粒直径的公式，进行复杂的计算，并运用最小二乘法原理处理数据，最后得到颗粒群的粒度分布。

激光粒度测试法具有适应广、速度快、操作方便、重复性好的优点，测量范围为：十分之一微米～数百微米。但当粒径与所用光的波长相当时，夫朗和费衍射理论的运用有较大误差，需应用米氏理论来修正。

(8) 激光粒度分析仪的基本原理图如图 2-5-1 所示。

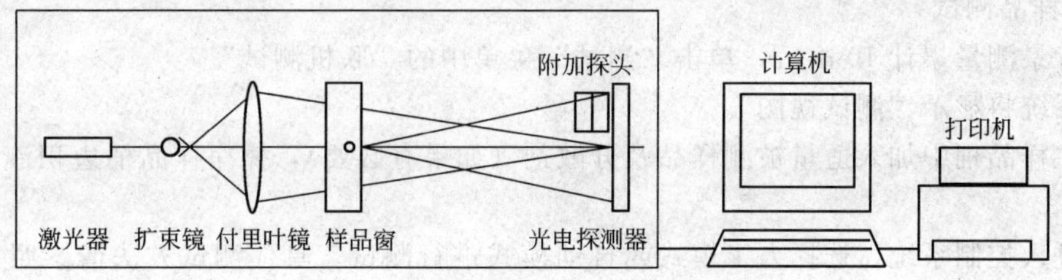

图 2-5-1　激光粒度分析仪工作原理框图

2.5.3　实验仪器及药品

济南微纳颗粒技术有限公司 Winner2000Z 智能型激光粒度分析仪，计算机，打印机；未经球磨的 SiO_2，在不同条件下球磨后的 SiO_2。

2.5.4　实验步骤

(1) 测试前的准备工作

① 开启激光粒度分析仪，预热 15min。启动计算机，并运行相应的软件。

② 清洗循环系统。首先，进入控制系统的人工模式，不选择自动进水点击排水，把与被测样品相匹配的分散介质加入样品桶，待管路及样品窗中都充满介质后，再点击排水，关闭排水。其次，按下冲洗，洗完后，自动排出。按以上步骤反复 2 次即可。

③ 进入分析软件界面。

④ 单击“查看”菜单中的“系统选项”。

⑤ 在打开的“系统选项”对话框中单击“通讯”选项卡，选择正确的机型及端口，然后单击“确定”关闭对话框。

⑥ 单击“测试”菜单中的“数据模板”。在打开的“数据模板”对话框中单击“测试信息”选项卡，选择正确的量程并填写其他相关信息。

⑦ 单击“样品信息”选项卡，填写被测样品的相关信息。单击“确定”按钮，关闭“数据模板”对话框。

⑧ 单击“文件”菜单中的“新建”，创建一个新文件。

⑨ 单击“文件”菜单中的“打开”，系统将弹出“打开”对话框。输入或选择一个扩展名为“jld”的文件，然后单击“打开”按钮，打开一个已存在的文件。

⑩ 单击“测试”菜单中的“连接”，使系统进入联机状态。

(2) 背景测试

准备工作结束后便可进行背景测试。背景测试是样品测试前的必备工作，因为背景的好坏直接影响样品的测试。其测试方法如下：

① 首先进入控制系统的人工模式，在时间设置栏内设置好时间。不选择自动进水点击排水，把与被测样品相匹配的分散介质加入样品桶，待管路及样品窗中都充满介质后，再点击排水，关闭排水。

② 点击排气泡，排气泡结束后观察气泡排除情况，若仍有气泡，则再排一次。

③ 进入分析软件界面，单击“测试”菜单中的“背景测试”。

④ 系统将显示“背景视图”。

⑤ 理想的背景应该是：前三级依次降低；整个背景平滑连续；整个背景无明显的凸起。

注意：若背景中第一级为零，可关闭粒度仪电源，再重新打开即可；若背景波动过大，点击重新测试；背景累积 10 次，应该每次都正常，否则点击重新测试。

(3) 样品测试

① 背景测量累计 10 次后，单击“测试”菜单中的“联机测试”。

② 系统将显示“测试视图”。

③ 在样品桶中加入适量被测样品及分散剂（如果有必要），擦净样品桶边积液，放下搅拌器。

④ 进入控制系统，选择人工模式或自动模式进行测试。具体测试方法请参照《Winner 2000Z，2000ZD 使用说明书》（第三篇 3.1 智能控制系统的使用、3.2 人工模式、3.3 自动模式）。

⑤ 测试完毕，观察“测试视图”中的能谱曲线与浓度显示，一般浓度控制在 1.0%～2.0%为宜。浓度过低，测试不稳定；浓度过高，受多重散射（复散射）影响，测试结果偏低；浓度太高，样品易团聚，分散不好，又可能使测试结果偏大。浓度不合适时可适当增加样品量或分散介质来进行适当调整，若调整无效则要冲洗循环系统，重新从第（2）步重复以上步骤。

⑥ 当测试结果稳定后，可按照以下两种方法保存测试结果：

a）单击“测试”菜单中的“存储”或直接按 F8 键，把当前测试结果存入当前记录列表中。

b）单击“测试”菜单中“自动存储”或直接按 F7 键。

系统将弹出对话框询问间隔时间。

输入以秒为单位的时间间隔后（一般在 2～60s），单击“确定”关闭对话框。

设置完毕，系统将以设置的时间间隔自动保存测试结果。再次单击“测试”菜单中“自动存储”或按 F7 键，该功能将被取消。

注意：不要轻易擦拭镜头，以免划伤，引起测量误差；因为每种样品的表面性质不同，分散介质的化学性质不同，样品分散时需要超声的时间长短，以及测试过程中是否要继续超声，不能一概而论，可根据实际情况确定；如果测试结果中粒度分布曲线边缘出现直线上升或直线下降的情况，说明粒度分布超过该量程，测试结果错误，应改变量程重新测试。

(4) 循环系统的清洗

测试结束后要立即清洗循环系统，以免颗粒黏附样品窗及管道系统，影响以后的测试结果。清洗方法如下：

① 当在人工模式下测试时，在操作键区选择自动进水，测试完毕后，点击冲洗，系统即可按照设定的次数进行自动冲洗及排水。如果想手动冲洗，则在操作键区不选择自动进水，测试完毕后，点击冲洗，系统会及时提醒加入蒸馏水或其他分散介质，完成后点“确定”，然后继续根据电脑提示操作即可。

② 当选择在自动模式下测试时，系统会在测试完毕后自动冲洗及排水。

③ 在进行冲洗的同时，注意观察能谱高度，能谱降至 0 位，认为清洗完毕，否则，重新进行清洗。

说明：不同的样品，清洗的次数不同，以能谱降至 0 位为准。

(5) 结束测试

测试工作结束后，请单击“查看”菜单中的“关闭视图”。

单击“测试”菜单中的“断开”，与粒度仪脱机。

(6) 数据处理及打印

查看记录列表中的记录，将不符合要求的记录删除。

若要删除记录，请选中所要删除的记录，然后单击“编辑”菜单中的“删除”或直接按 Del 键。

根据需要生成一个平均结果，方法如下：

以多选的方式选中参加平均的记录。

① 单击“分析”菜单中的“平均”。

② 系统将弹出对话框询问是否生成一条新记录。

③ 单击“是”便生成一条新记录（以“平均”标注）。

注意：参加平均的记录量程必须一致。自动模式下测试时，不需进行数据处理，系统自动形成并保存唯一综合分析过的测试记录。

打印“粒度分析报告”。方法如下：选中要打印的一条记录；单击“分析”菜单中的“分析当前记录”或双击该记录；系统将显示“分析视图”。

① 单击“文件”菜单中的“打印”，系统将弹出“打印设置”对话框。

② 设置完成后单击“确定”进行打印。

③ 单击“文件”菜单中的“保存”，将当前记录列表保存至文件。

如果尚未指定文件名，系统将弹出“另存为”对话框。

输入新的文件名后单击“保存”按钮。

（7）激光粒度仪测试报告及其说明

① 测试范围：即所测粒径的区域，在软件的数据模板中选定。它与仪器的挡位相对应。

② 分散介质：用于分散被测样品的液体介质。分散介质与被测颗粒不能发生化学反应，也不能溶解被测样品。

③ 分散剂：能够改变颗粒与液体之间的界面状态，促进颗粒分散的化学物质。

④ 样品浓度：光学浓度；遮光比。

⑤ 分析模式：自由分布，即由无约束自由拟合算法所得的样品本身固有的自然粒度分布。本软件中还有 R～R 分布和对数正态分布。

⑥ X10：颗粒累积分布为 10%的粒径，即小于此粒径的颗粒体积含量占全部颗粒的 10%。同理，X50：颗粒累积分布为 50%的粒径。X90：颗粒累积分布为 90%的粒径。

⑦ XAV：颗粒群的平均粒径。

⑧ S/V：体积比表面积；单位体积颗粒的表面积。

⑨ 粒度分析图表说明：横向是粒径值，该数值呈对数分布。左列是体积累计百分比，对应的是上升趋势的曲线图。右列是某一区间的体积百分比，对应的是直方图或起伏的曲线图。数据列表是与分析图表相对应的测试结果。

2.5.5　注意事项

（1）实验前必须仔细阅读本指导，预习有关实验步骤，并建议阅读粉体工程书籍的相关内容。

（2）实验前应检查取样勺、烧杯、玻棒、电动搅拌器的进入溶液的部位（轴、转叶）以及 L 型搅拌片和样品池等凡与样品接触的物件，全都不得残留任何其他粉体或污染物；故以上物件每次用后均要清洗、擦拭干净以备下一次用。

2.5.6　实验拓展与创新

我国粒度测试技术研究工作起步于 20 世纪 70 年代。在 80 年代初成立了中国颗粒学会，由中国科学院院士郭慕孙教授担任理事长，下设颗粒制备、颗粒测试、气溶胶、纳米材料等专业委员会等。颗粒学会的成立不仅对颗粒测试技术的研究起到了促进作用，还推动了产业化的进程，之后陆续有国产的粒度仪投放市场。经过 20 多年的发展，我国的颗粒测试技术从无到有，已经取得了长足的进步，证明我国具备更大的发展基础和潜力。只要在技术方面不断有所突破，有所创新。当然就目前而言，与国外先进粒度仪相比，国产仪器还存在测试范围偏小，制造工艺水平较低，自动化智能化水平低等不足。

实验中，也可根据情况，拓展实验内容：

（1）选择不同的分散剂，考察不同分散剂对粒度测试结果及粉体分散性能的影响；

（2）选用传统的粒度测试方法——筛分法测定粉体材料的粒度及粒度分布，了解筛分法测粉体粒度分布的原理和方法及根据筛分析数据绘制粒度累积分布曲线。具体的筛分法操作如下：筛分法是使颗粒通过一系列不同筛孔的标准筛孔来测试粒度的。筛分法分干筛和湿筛两种形式，可以用单个筛子来控制单一粒径颗粒的通过率，也可以用多个筛子叠加起来同时测量多个粒径颗粒的通过率，并计算出百分数。

筛分法有手工筛、振动筛、负压筛、全自动筛等多种方式。颗粒能否通过筛机与颗粒的取向和筛分时间等因素有关，不同的行业有各自的筛分方法标准。

干筛法测定粉体粒度分布的操作如下：

准确称取 200g 粉体样品；

将套筛按孔径由大至小顺序叠置好，并装上筛底，安装在振筛机上，将称好的试样倒入最上层筛子，加上筛盖；

开动振筛机，振动10～15min，然后依次将每层筛子取下，用手筛分，若1min所筛下的物料量小于物料的1%，则认为已达筛分终点，否则要继续手筛至终点；

小心取出试样，分别称量各筛上和底盘中的试样质量，并记录于表中；

检查各层筛面质量总和与原试样质量之误差，误差不应超过2%，此时可把所损失的质量加在最细粒级中，若误差超过2%，实验重新进行。

2.5.7 思考题

(1) 所测粉体是属于微米级还是亚微米级？粒度分布是宽还是窄？

(2) 列举2～3个影响测试结果可靠性的因素。

(3) 球磨时间和研磨球级配分别会对粉体的粒度分布产生怎样的影响？

实验2.6 固体酸催化制备乙酸丁酯

2.6.1 实验目的

(1) 掌握固体酸的制备方法

(2) 掌握乙酸丁酯的固体酸催化合成技术

(3) 了解影响催化活性的各种因素

(4) 了解超细粉体的制备方法和技术

2.6.2 实验原理

纳米材料由于自身的比表面积大、量子效应、表面电位等特性，具有巨大的研究和应用价值。纳米TiO_2是研究得最为广泛的一种纳米材料，本实验材料采用比较通用的熔胶-凝胶法制备纳米TiO_2材料，再经过浸酸过程处理，制成纳米固体酸催化剂，应用于精细合成和工业生产。

溶胶-凝胶法制备纳米TiO_2是采用无机盐硫酸钛，经烧碱溶液的中和反应，转化为硝酸钛后分散于明胶体系中，制成均匀分散的溶胶，再经蒸发浓缩制成凝胶体系，而后高温烧结而成。

$$Ti(NO_3)_4 \longrightarrow TiO_2 + 4NO_2$$

制备的纳米TiO_2属于毫微米级粉体，称为超细粉体，超细TiO_2浸渍硫酸后，再经高温灼烧形成一种超强固体酸，可以用作精细合成中的催化剂。固体酸，能使碱性指示剂变色，是能给出质子或能够接受孤电子对的固体。

乙酸丁酯是一种精细化学品，主要应用于香料合成工业和有机合成以及药物合成等。乙酸和丁醇在酸催化剂存在下进行如下反应得到乙酸丁酯：

$$CH_3COOH + C_4H_9OH \longrightarrow CH_3COOC_4H_9 + H_2O$$

传统的酸催化剂常用浓硫酸。硫酸虽价廉，工艺成熟，但浓硫酸有脱水性和氧化作用，选择性差，反应产率低，并且腐蚀设备，产生大量废液，引起环境污染。固体酸克服了液体酸的缺点，具有容易与液相反应体系分离、不腐蚀设备、后处理简单、很少污染环境、选择性高、可重复使用等特点，并可在较高温度范围内使用。固体酸有多种，包括黏土、硅酸铝、金属氧化物、五氧化二磷、人造沸石等。

本实验要求首先制备出固体酸 SO_4^{2-}/TiO_2，然后将其应用于乙酸丁酯的合成实验，并探讨灼烧温度、酸浸渍浓度等因素对固体酸催化活性的影响。

2.6.3 实验仪器及药品

马弗炉，烘箱，真空泵，电热套，蒸馏装置（磨口玻璃仪器），布氏漏斗；

硫酸钛，硝酸（体积分数 $\varphi=65\%$），氢氧化钠（质量分数 $w=20\%$），明胶，冰醋酸，无水丁醇，饱和食盐水，无水硫酸镁，硫酸（$\varphi=50\%$），氯化钙，碳酸氢钠。

2.6.4 实验步骤

（1）固体酸制备

① 称取 90g 硫酸钛溶于 400mL 水后，搅拌下缓慢加入 NaOH（$w=20\%$）溶液 246mL。

② 离心分离、洗涤后加入 HNO_3（$\varphi=65\%$）溶液 105mL。

③ 加入 60g 明胶，并用水稀释至 400mL。

④ 60～90℃下搅拌蒸发至形成凝胶。

⑤ 100℃下干燥至恒重。

⑥ 研磨后，用硫酸（$\varphi=50\%$）浸泡 2h。抽滤、再次干燥。

⑦ 将样品于 300℃下灼烧 3h 备用。

（2）乙酸丁酯合成

在 100mL 圆底烧瓶中加入 15g 冰醋酸和定量比例（1∶1.2）的无水丁醇，适量固体酸，混合后装上带有分水器的回流冷凝管，加热回流，当出水量达到或接近理论量时，改为蒸馏装置，加热蒸馏，直至不再有馏出物为止，残留物用于回收固体酸，馏出物用饱和 $NaHCO_3$ 中和至中性，分液漏斗分出有机层，依次用 10mL 饱和食盐水，10mL 蒸馏水洗涤除去溶于酯中的少量无机盐，最后将有机层到入小锥形瓶中，用无水 $MgSO_4$ 干燥 15min 后，加热蒸馏，收集 123～127℃馏分，产品酯可用折光仪测其折光率。

2.6.5 注意事项

（1）在蒸发形成凝胶过程中，加热温度要严格控制，避免凝胶爆燃造成事故；

（2）在固体酸的制备及合成产品的后处理过程中的废洗涤液，经废酸或废碱液中和后即可排放；

（3）酯合成反应温度控制在小于 125℃，避免温度过高可能生成副产物；

（4）产物的纯度可用折光率的测定进行检测。

2.6.6 实验拓展与创新

具有酯化催化反应性能的催化剂种类很多，如浓硫酸、各种固体酸（除了 TiO_2 外还有，ZrO_2、Al_2O_3、SiO_2 等）、复合固体酸、纳米固体酸、分子筛、杂多酸类及高分子树脂等；影响酯化反应的因素也很多，如物料的配比、反应温度、催化剂的种类、催化剂的制备工艺条件及后处理工艺条件等。

在实验中，也可根据情况，拓展实验内容：

（1）自己设计实验方案，选用其他酯化催化剂（分子筛、杂多酸、其他固体酸或高分子树脂）进行酯化反应实验；

（2）可在本实验方案的基础上，重新设计实验方案，如改变固体酸的制备及后处理工艺备件，探讨灼烧温度、酸浸渍浓度等因素对固体酸酯化催化活性的影响。

2.6.7 思考题

（1）相对于液体酸，固体酸有哪些优点？

（2）哪些因素对催化活性有影响？

（3）本实验采取哪些措施来加快酯化速度和提高乙酸正丁酯的产率，原理是什么？

（4）粗产品除了用无水硫酸镁作干燥剂外，还有哪些干燥剂可以代替？无水氯化钙可以吗？

参考文献

[1] 李凤生．超细粉体技术［M］．北京：国防工业出版社，2000.

[2] 乔英杰．材料合成与制备［M］．北京：国防工业出版社，2009.

[3] 张长海．陶瓷生产工艺知识问答［M］．北京：化学工业出版社，2008.

[4] 张锐等．陶瓷工艺学［M］．北京：化学工业出版社，2007.

[5] 王树海，李安明，乐红志．先进陶瓷的现代制备技术［M］．北京：化学工业出版社，2007.

[6] 王涛，赵淑金．无机非金属材料实验［M］．北京：化学工业出版社，2011.

[7] 杨粉荣，文洪杰，钟勤．几种粒度测定方法的比较［J］．物理测试，2005，23（5）：36-39.

[8] 卢寿慈．粉体技术手册［M］．北京：化学工业出版社，2004.

[9] 黄涛，张治民．有机化学实验［M］．北京：高等教育出版社，1996.

[10] 关鲁雄．化学基本操作与物质制备实验［M］．长沙：中南大学出版社，2002.

[11] 于荟，朱银华，刘畅等．新型介孔 SO_4^{2-}/TiO_2 固体酸的制备及其催化酯化性能［J］．催化学报，2009，30（3）：265-271.

[12] 田宝柱，童天中，陈锋．明胶对纳米二氧化钛相变和光催化活性的影响［J］．感光科学与光化学，2006，24（2）：93-101.

第3篇

纳米材料化学实验

实验3.1　水热法合成零维二氧化钛及表征

3.1.1　实验目的

（1）掌握制备零维材料纳米二氧化钛的方法

（2）掌握纳米材料的常用表征手段和分析方法

（3）了解水热法合成的基本原理和方法

3.1.2　实验原理

水热法生长晶体是19世纪中叶地质学家模拟自然界成矿作用而开始研究的。1905年开始转向功能材料的研究。目前用水热法已能生长出数百种晶体。而采用水热法制备纳米材料则是近几十年才发展起来的。

水热法是指在特别的密闭反应容器（高压釜）里，采用水溶液作为反应介质，在温度100～400℃，压力十分之一兆帕至几百兆帕条件下，通常条件难溶或不溶的前驱物（即原料）可以溶解、反应并且重结晶。水热法提供了常温常压条件下无法得到的特殊的物理化学环境，使前驱物形成原子或分子生长基元而成核结晶。水热合成就是对特种结构、功能、性质的固体化合物、新型材料进行水相合成和高温成型的制备过程。

纳米晶形成的机理为，在水热条件下，纳米晶在非受迫的状态下自由生长，晶体的结晶习性得以充分展开。纳米晶的颗粒一般是在几十个晶胞的维度范围内。因此可以认为研究纳米晶的结晶行为即是研究热液条件下分子级基元的结合问题。研究纳米晶的结晶习性，对探索晶体生长机理也是十分重要的。

纳米材料的表征方法有：X射线衍射（XRD）、电镜（TEM、SEM）、粒度分布（激光粒度分析仪）、比表面测试（BET）等。

由于水热反应是在非受限的条件下进行的，所制备的纳米粉体与其他湿化学方法相比有许多优越性。水热法制备的纳米晶，在高温高压下一次完成，无需后期晶化处理，所制得纳米粉体晶粒发育完整、纯度高、粒度分布均匀、颗粒间团聚程度低、分散性好、制备过程污染小，原料来源广，可以得到理想的化学计量组成材料，颗粒度可以控制，生产成本低，易于实现工业化生产。

水热合成化学作为无机化学和固体化学的一个重要分支，其研究工作已取得诸多重大进展。世界各国的化学家利用水热合成方法，已合成出众多的无机化合物，水热化学的研究有着广泛的应用前景。水热合成化学的发展，关键在于基础理论研究工作的深入。特别是水热条件的反应机理、晶化过程、反应动力学及相平衡和化学平衡等。若基础理论得到完善和发展，在理论指导下进行定向的精密无机合成是完全可能的，从而开发出更多更好的无机功能材料和各种急需的新型无机材料。

3.1.3 实验仪器及药品

电磁搅拌器，烧杯，内衬聚四氟乙烯的不锈钢反应釜，烘箱，马弗炉，X射线衍射仪（XRD），扫描电镜（SEM）；

硫酸钛（CP），$2mol \cdot L^{-1}$硫酸，$2mol \cdot L^{-1}$碳酸钠，丙酮。

3.1.4 实验步骤

（1）称取6g硫酸钛溶于50mL去离子水中；

（2）搅拌下缓慢加入$2mol \cdot L^{-1}$ Na_2CO_3水溶液，并用$2mol \cdot L^{-1}$硫酸调节$pH<3$，制得前驱体；

（3）将前驱体放入衬有聚四氟乙烯的不锈钢反应釜内加热，填充度为80%；

（4）反应温度为170℃，反应时间为5h；

（5）反应完毕冷却至室温，用去离子水洗至滤液无SO_4^{2-}（用$BaCl_2$溶液检测），再用丙酮洗一次；

（6）过滤后，将样品于100℃下干燥至恒重，得产品锐钛矿纳米二氧化钛；

（7）XRD表征样品的物相，并计算出一次晶粒粒径；

（8）SEM观察纳米粒子的形貌及粒径。

3.1.5 注意事项

（1）所用仪器必须洁净、干燥。

（2）不锈钢反应釜中聚四氟乙烯内衬的填充体积不超过总体积的80%。

（3）反应结束后，不锈钢反应釜必须自然冷却至室温。

3.1.6 实验拓展与创新

（1）市场上有一种商品化的TiO_2纳米材料，又叫做P_{25}。请查阅资料，了解其成分及用途。

（2）通过已有的知识与文献调研，提出一种制备TiO_2纳米材料的新方法。

3.1.7 思考题

（1）影响纳米颗粒大小的因素有哪些？

（2）影响纳米二氧化钛晶相结构的因素有哪些？

（3）对本实验的改进和建议。

实验3.2 水热法合成一维$H_2Ti_4O_9 \cdot H_2O$纳米管及表征

3.2.1 实验目的

（1）掌握制备一维材料$H_2Ti_4O_9 \cdot H_2O$纳米管的方法

（2）掌握纳米材料的表征手段和分析方法

（3）了解水热法合成纳米管的基本原理和方法

3.2.2 实验原理

自1991年日本NEC公司Iijima发现碳纳米管以来，管状结构纳米材料因其独特的物理化学性能，在微电子、应用催化和光电转换等领域展现出良好的应用前景，受到广泛的关注。迄今为止，管状纳米材料包括WS_2、MOS_2、BN、$B_xC_yN_z$、类酯体、MCM-41管中管、肽、水铝英石、β（或γ）环糊精纳米管聚集体、$NiC1_2$纳米管、定向排列的氮化碳纳米管及TiO_2纳米管等。

TiO_2纳米管的制备方法主要有模板合成法、阳极氧化法和水热合成法三种。

通过水热法成功地合成了外径约8nm、壁厚约1nm的多层TiO_2纳米管。实验结果表明纳米管是在水热处理过程中形成的，而非清洗的作用。其形成机理可能是纳米氧化钛颗粒在强碱作用下先形成$Na_2Ti_4O_9$片状产物，随后卷曲而成短纳米管。随着反应时间的延长，通过溶解-吸收机理，纳米管长度逐渐增加。另一方面，实验发现清洗溶液的pH值对生成的纳米管的成分和结构有影响。在碱性清洗液中，纳米管的主要组成为$Na_2Ti_4O_9$，而在酸性条件下，经H^+交换，纳米管主要为$H_2Ti_4O_9 \cdot H_2O$。$H_2Ti_4O_9 \cdot H_2O$纳米管在400℃下热处理后，失水而变成结晶较好的锐钛矿型氧化钛，并能保持其纳米管形貌，显示出纳米管有较好的热稳定性；到600℃时熔融到一起，变成以锐钛矿相为主还有金红石相的痕迹；到800℃时纳米管完全失去管状结构而变成颗粒，变成结晶完好的锐钛矿相和少量金红石相。研究表明，通过控制清洗时的pH值和热处理温度，可以获得组成分别为$Na_2Ti_4O_9$、$H_2Ti_4O_9 \cdot H_2O$和TiO_2的纳米管。如图3-2-1、图3-2-2、图3-2-3所示为TiO_2纳米管的XRD衍射花样及显微镜下的照片。

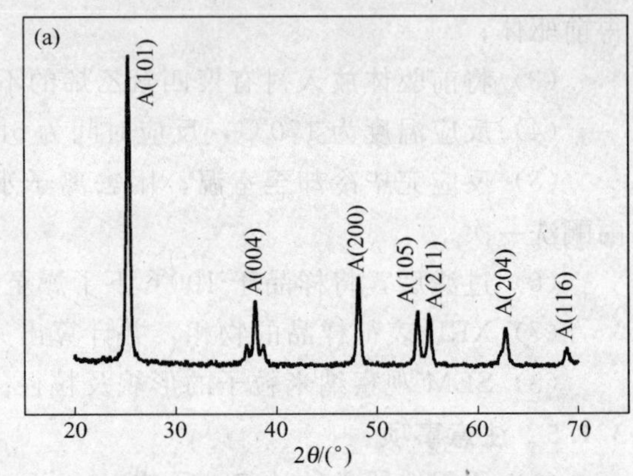

图3-2-1 锐钛矿TiO_2的XRD衍射花样

纳米材料的表征方法有：X射线衍射（XRD）、电镜（TEM、SEM）、粒度分布（激光粒度分析仪）、差热-热重（TG/DTA）分析、比表面测试（BET）等。

图3-2-2 TiO_2纳米管的扫描电子显微镜照片

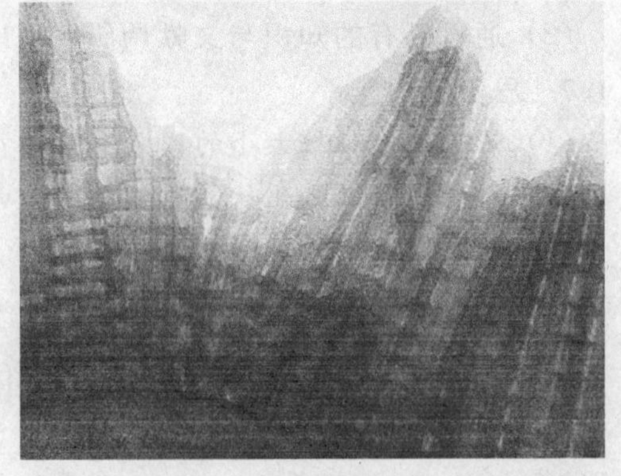

图3-2-3 TiO_2纳米管的高分辨透射电子显微镜

3.2.3 实验仪器及药品

X射线衍射仪，电镜，马弗炉，烘箱，内衬聚四氟乙烯的不锈钢反应釜，烧杯；

锐钛矿型纳米TiO_2，NaOH，0.1mol·L^{-1} HCl，丙酮。

3.2.4 实验步骤

(1) 称取 8g NaOH 溶于 20mL 去离子水中；

(2) 搅拌下加入 2g TiO_2 粉，继续搅拌至分散均匀；

(3) 放入衬有聚四氟乙烯的高压容器内加热，填充度为 80%；

(4) 控制反应温度在 140℃，反应 60h；

(5) 反应完毕，冷却至室温，分离，产品用去离子水洗涤二次，再用 $0.1mol \cdot L^{-1}$ HCl 清洗至近中性（用 pH 试纸检测），最后用丙酮洗一次；

(6) 过滤后，将样品于 100℃下干燥至恒重，得产品 $H_2Ti_4O_9 \cdot H_2O$ 纳米管；

(7) XRD 表征样品；

(8) SEM、TEM 观察纳米管的形貌及管径。

3.2.5 注意事项

(1) 所用仪器必须洁净、干燥；

(2) 不锈钢反应釜中聚四氟乙烯内衬的填充体积不超过总体积的 80%；

(3) 反应结束后，不锈钢反应釜必须自然冷却至室温。

3.2.6 实验拓展与创新

(1) 二氧化钛主要有哪几种物相，分别有哪些特点及用途？

(2) 通过已有的知识与文献调研，找到一种把上述合成的 $H_2Ti_4O_9 \cdot H_2O$ 纳米管转化成 TiO_2 纳米管的方法。并提出合适的理论依据。

3.2.7 思考题

(1) 影响纳米管形成的因素有哪些？

(2) 影响二氧化钛纳米管组成的因素有哪些？

实验 3.3 溶胶-凝胶法制备纳米二氧化钛及其性质研究

3.3.1 实验目的

(1) 溶胶-凝胶法合成纳米级半导体材料 TiO_2

(2) 了解纳米粒性和物性

(3) 研究纳米二氧化钛光催化降解甲基橙水溶液

(4) 通过实验，加深对基础理论的理解和掌握，做到有目的的合成，提高实验思维与实验技能

3.3.2 实验原理

纳米粉体是指颗粒粒径介于 1～100nm 的粒子。由于颗粒尺寸的微细化，使得纳米粉体在保持原物质化学性质的同时，与块状材料相比，在磁性、光吸收、热阻、化学活性、催化和熔点等方面表现出奇异的性能。

纳米 TiO_2 具有许多独特的性质。比表面积大，表面张力大，熔点低，磁性强，光吸收性能好，特别是吸收紫外线的能力强，表面活性大，热导性能好，分散性好等。基于上述特点，纳米 TiO_2 具有广阔的应用前景。利用纳米 TiO_2 作光催化剂，可处理有机废水，其活性比普通 TiO_2（约 10μm）高得多；利用其透明性和散射紫外线的能力，可作食品包装材料、木器保护漆、人造纤维添加剂、化妆品防晒霜等；利用其光电导性和光敏性，可开发一

种 TiO_2 感光材料。如何开发、应用纳米 TiO_2，已成为各国材料学领域的重要研究课题。目前合成纳米二氧化钛粉体的方法主要有液相法和气相法。由于传统的方法不能或难以制备纳米级二氧化钛，而溶胶-凝胶法则可以在低温下制备高纯度、粒径分布均匀、化学活性大的单组分或多组分分子级纳米催化剂，因此，本实验也采用溶胶-凝胶法来制备纳米二氧化钛光催化剂。

制备溶胶所用的原料为钛酸正四丁酯［$Ti(O\text{-}C_4H_9)_4$］、水、无水乙醇（C_2H_5OH）以及冰醋酸。反应物为 $Ti(O\text{-}C_4H_9)_4$ 和水，分相介质为 C_2H_5OH，冰醋酸可调节体系的酸度防止钛离子水解过速。使 $Ti(O\text{-}C_4H_9)_4$ 在无水乙醇 C_2H_5OH 中水解生成 $Ti(OH)_4$，脱水后即可获得 TiO_2。在后续的热处理过程中，只要控制适当的温度条件和反应时间，就可以获得金红石型和锐钛型二氧化钛。

钛酸正四丁酯在酸性条件下，在乙醇介质中水解反应是分步进行的，总水解反应表示为下式，水解产物为含钛离子溶胶。

$$Ti(O\text{-}C_4H_9)_4 + 4H_2O \longrightarrow Ti(OH)_4 + 4C_4H_9OH$$

一般认为，在含钛离子溶液中钛离子通常与其他离子相互作用形成复杂的网状基团。上述溶胶体系静置一段时间后，由于发生胶凝作用，最后形成稳定凝胶。

$$Ti(OH)_4 + Ti(O\text{-}C_4H_9)_4 \longrightarrow 2TiO_2 + 4C_4H_9OH$$

$$Ti(OH)_4 + Ti(OH)_4 \longrightarrow 2TiO_2 + 4H_2O$$

3.3.3 实验仪器及药品

恒温磁力搅拌器，搅拌子，三口瓶（250mL），恒压漏斗（50mL），量筒（10mL、50mL），烧杯（100mL）；

钛酸正四丁酯（分析纯），无水乙醇（分析纯），冰醋酸（分析纯），盐酸（分析纯），蒸馏水。

3.3.4 实验步骤

（1）制备

以钛酸正四丁酯 Ti（$OC_4H_9)_4$ 为前驱物，无水乙醇 C_2H_5OH 为溶剂，冰醋酸 CH_3COOH 为螯合剂，制备二氧化钛溶胶。

在室温条件下，量取 10mL 钛酸正四丁酯，缓慢滴入到 35mL 无水乙醇中，用磁力搅拌器强力搅拌 10min，混合均匀，形成黄色澄清溶液 A。将 4mL 冰醋酸和 10mL 蒸馏水加到另 35mL 无水乙醇中，剧烈搅拌，得到溶液 B，滴入 1～2 滴盐酸，调节 pH 值使 $pH \leqslant 3$。室温水浴下，在剧烈搅拌下，将已移入恒压漏斗中的溶液 A 缓慢滴入溶液 B 中，滴加速度大约为 $3mL \cdot min^{-1}$。滴加完毕后得浅黄色溶液，继续搅拌半小时后，40℃水浴加热，2h 后得到白色凝胶（倾斜烧瓶凝胶不流动）。置于 80℃下烘干，大约 20h，得黄色晶体，研磨，得到淡黄色粉末。在不同的温度下（300℃、400℃、500℃、600℃）热处理 2h，得到不同的二氧化钛（纯白色）粉体。

（2）催化降解甲基橙水溶液

配制起始浓度分别为 $20mg \cdot L^{-1}$、$30mg \cdot L^{-1}$、$40mg \cdot L^{-1}$、$60mg \cdot L^{-1}$ 的甲基橙水溶液 250mL 置于 500mL 烧杯中，同时加入 0.05g 纳米二氧化钛，磁力搅拌，光化学灯（紫外灯，290nm）从上方辐照。每隔 20min 取样 10mL 离心分离，取上层清液用分光光度法测定其浓度。

3.3.5 注意事项

(1) 所有仪器必须干燥。

(2) 滴加溶液同时剧烈搅拌，防止溶胶形成的过程中产生沉淀。

3.3.6 实验拓展与创新

TiO_2 光催化剂具有光催化活性高、化学性质稳定、降解有机物彻底、不引起二次污染和无毒性等优点，因而在空气净化和污水处理等领域得到了广泛的关注。但是，TiO_2 电子和空穴易复合，光催化效率低，带隙较宽，只能被紫外光激发，太阳能利用率低。针对该问题，研究人员采用了多种手段对纳米 TiO_2 进行改性，其中过渡金属离子掺杂是一种有效的改性方法，如在 TiO_2 体系中掺杂 Fe、Cr、Co、V 等离子，已被证实可以提高其可见光响应光催化活性。加入金属离子可取代 Ti^{4+}，减小禁带宽度，从而使 TiO_2 在可见光区域有吸收。

Mn 掺杂 TiO_2 粉体的制备

(1) 室温下将 10mL $Ti(OC_4H_9)_4$ 于剧烈搅拌下滴加到 30mL 无水乙醇中，经过 15～20min 的搅拌，得到均匀的淡黄色透明溶液（A）。

(2) 将 5mL H_2O 和 10mL 无水乙醇配成的溶液于搅拌下缓慢滴加 HNO_3，得到 pH=3 的溶液（B）。

(3) 按 Mn^{2+}-TiO_2 中 Mn^{2+} 的掺杂浓度为质量分数 w=0.5%、1.0%、1.5%、2%和2.5%称取相应的 $MnCl_2$，溶于溶液（B）中。

(4) 在剧烈搅拌的条件下将溶液（A）缓慢滴加到溶液（B）中，得到均匀透明的溶胶，继续搅拌，得到半透明的湿凝胶。

(5) 将所得湿凝胶放在60℃的干燥箱中干燥得到凝胶，然后在研钵中磨碎烘干好的凝胶，将其放入坩埚中，在马弗炉中 800℃煅烧 2h，得到样品 1～5。

3.3.7 思考题

(1) 为什么所有的仪器必须干燥?

(2) 加入冰醋酸的作用是什么?

(3) 为何本实验中选用钛酸正四丁酯［$Ti(OC_4H_9)_4$］为前驱物，而不选用四氯化钛（$TiCl_4$）为前驱物?

(4) 简述 TiO_2 作为光催化剂降解废水的原理?

(5) 查阅文献，了解水热合成纳米 TiO_2 的具体方法?

实验 3.4 Fe_2O_3 纳米材料的制备

3.4.1 实验目的

(1) 熟悉分光光度计、离心机、酸度计的使用

(2) 了解水热水解法制备纳米材料的原理与方法

(3) 加深对水解反应影响因素的认识

3.4.2 实验原理

水解反应是酸碱中和反应的逆反应，是一个吸热反应，升温使水解反应的速率加快，反应程度增加，浓度增大对反应程度无影响，但可使反应速率加快。对金属离子的强酸盐来

说，pH 值增大，水解程度与速率皆增大。

在化学实验中，由于金属离子的水解，常使某些试剂的配制难度增大，或者久置后变质，这时需要根据上述原理，采取措施抑制水解。如配制 $SnCl_2$、$SbCl_3$、$BiCl_3$ 等盐溶液时不能直接用水，而要用浓盐酸溶解后再适当稀释使用。但是在科研工作中也经常利用水解反应来进行物质的分离、鉴定和提纯。许多高纯度的金属氧化物，如 Bi_2O_3、Al_2O_3、Fe_2O_3 等都是通过水解沉淀过程提纯的。

纳米材料是指晶粒和晶界等显微结构能达到纳米级尺度水平的材料，是材料科学的一个重要发展方向。纳米材料由于粒径很小，比表面很大，表面原子数会超过体原子数。因此纳米材料常表现出与本体材料不同的性质。在保持原有物质化学性质的基础上，呈现出热力学上的不稳定性。如，纳米材料可大大降低陶瓷烧结及反应的温度、明显提高催化剂的催化活性、气敏材料的气敏活性和磁记录材料的信息存储量。

氧化物纳米材料的制备方法很多，有化学沉淀法、热分解法、固相反应法、溶胶-凝胶法、气相沉积法、水解法等。水热水解法是较新的制备方法，它通过控制一定的温度和 pH 值条件，使一定浓度的金属盐水解，生成氢氧化物或氧化物沉淀。若条件适当可得到颗粒均匀的多晶态溶胶，其颗粒尺寸在纳米级，对提高气敏材料的灵敏度和稳定性有利。

为了得到稳定的多晶溶胶，可降低金属离子的浓度，也可用配位剂控制金属离子的浓度，如加入 EDTA。可适当增大金属离子的浓度，制得更多的沉淀，同时也可影响产物的晶形。若水解后生成沉淀，说明成核不同步，可能是玻璃仪器未清洗干净，或者是水解液浓度过大，或者是水解时间太长。此时的沉淀颗粒尺寸不均匀，粒径也比较大。

$FeCl_3$ 水解过程中，由于 Fe^{3+} 转化为 Fe_2O_3，溶液的颜色发生变化，随着时间增加，Fe^{3+} 的量逐渐减小，Fe_2O_3 粒径也逐渐增大，溶液颜色也趋于一个稳定位，可用分光光度计进行动态监测。

本实验以 $FeCl_3$ 为例，试验 $FeCl_3$ 的浓度、溶液的温度、反应时间与 pH 值等对水解反应的影响。

3.4.3 实验仪器及药品

台式烘箱，721 型分光光度计，高速离心机，pHS-2 型酸度计，多用滴管，具塞锥形瓶（20mL），容量瓶（50mL），离心吸管，吸管（50mL）；

$FeCl_3$(1.0mol·L^{-1})，HCl(1.0mol·L^{-1})，EDTA(1.0mol·L^{-1})，$(NH_4)_2SO_4$(1.0mol·L^{-1})。

3.4.4 实验步骤

（1）玻璃仪器的清洗

先用铬酸洗液洗，再用去离子水冲洗干净。然后烘干备用。

（2）水解温度的选择

根据文献和实验时间，本实验选定 105℃为水解温度，有兴趣的同学可做 95℃、80℃对照。

（3）水解时间的影响

按 1.8×10^{-2}mol·L^{-1} $FeCl_3$，8×10^{-4}mol·L^{-1} EDTA 的要求配制 20mL 水解液，通过多用滴管加入 1mol·L^{-1} HCl，用酸度计调节溶液的 pH 值为 1.3，置于 20mL 具塞锥形瓶中，放入 105℃的烘箱中，观察水解前后水解液的变化。每隔 30min 取样 2mL，于 550nm 处观察水解液吸光度的变化，直到吸光度基本不变，观察到橘红色溶胶为止，绘制 A-t 图。约需读数 6 次。

(4) 水解液pH值的影响

改变上述水解液的pH值，分别以1.0、1.5、2.0、2.5、3.0。用分光光度计观察水解pH值的影响，绘制pH-t图。

(5) 水解液中Fe^{3+}浓度的影响

改变步骤3中水解液Fe^{3+}的浓度，分别为2.5×10^{-2}mol·L^{-1}，5×10^{-3}mol·L^{-1}，1.0×10^{-3}mol·L^{-1}，用分光光度计观察水解液中Fe^{3+}浓度对水解的影响，绘制A-t图。

(6) 沉淀的分离

取上述水解液2份，迅速用冷水冷却，一份用高速离心机离心分离，一份加入$(NH_4)_2SO_4$使溶胶沉淀后用普通离心机离心分离。沉淀用去离子水洗至无Cl^-为止（怎样检验?）。比较两种分离方法的效率。

3.4.5 注意事项

实验中所用一切玻璃器皿均需严格清洗。先用铬酸洗液洗涤，再用去离子水冲洗干净，然后烘干备用。

3.4.6 实验拓展与创新

水热法制备纳米材料，添加剂的加入虽然不会改变产物的物相，但可以改变产物的形貌。

氧化铁空心球的制备

将铁氰化钾（0.375g）、无水硫酸钠（0.081g）和十六烷基三甲基溴化铵（CTAB）(0.02g) 依次加入到内衬聚四氟乙烯的高压釜（容积为50mL）中，再加入0.01mol·L^{-1}的磷酸二氢铵溶液40mL，在室温下搅拌使之完全溶解，待溶液为橙黄色透明溶液时，将高压釜密封，放入烘箱，在180℃恒温8h后，让其自然冷却至室温。将样品放在离心管中在12000r·min^{-1}下离心分离3min，分离出洋红色沉淀，依次用去离子水、无水乙醇各洗涤三次，60℃干燥6h，得洋红色粉体。

3.4.7 思考题

(1) 影响水解的因素有哪些？如何影响？

(2) 水解器皿在使用前为什么要清洗干净，若清洗不净会带来什么后果？

(3) 如何精密控制水解液的pH值？为什么可用分光光度计监控水解程度？

(4) 氧化铁溶胶的分离有哪些方法？哪种效果较好？

实验3.5 X射线衍射物相定性分析

3.5.1 实验目的

(1) 掌握X射线衍射物相分析的原理和实验方法

(2) 掌握物相分析的过程与步骤

(3) 了解X射线衍射仪构造

3.5.2 实验原理

通过晶体的布喇菲点阵中任意3个不共线的格点作一平面，会形成一个包含无限多个格点的二维点阵，通常称为晶面。相互平行的诸晶面叫做一晶面族。一晶面族中所有晶面既平行且各晶面上的格点具有完全相同的周期分布。因此，它们的特征可通过这些晶面的空间方位来表示。要标示一晶面族，需说明它的空间方位。晶面的方位（法向）可以通过该面在 3 个基矢上的截距来确定。

对于固体物理学原胞，基矢为 $\boldsymbol{a}_1$、$\boldsymbol{a}_2$、$\boldsymbol{a}_3$，设一晶面族中某一晶面在 3 基矢上的交点的位矢分别为 $r\boldsymbol{a}_1$、$s\boldsymbol{a}_2$、$t\boldsymbol{a}_3$，其中 r、s、t 叫截距，则晶面在 3 基矢上的截距的倒数之比为：

$$\frac{1}{r}:\frac{1}{s}:\frac{1}{t}=h_1:h_2:h_3$$

其中 h_1，h_2，h_3 为互质整数，可用于表示晶面的法向，就称 $h_1h_2h_3$ 为该晶面族的面指数，记为 $(h_1h_2h_3)$。最靠近原点的晶面在坐标轴上的截距为 a_1/h_1，a_2/h_2，a_3/h_3。同族的其他晶面的截距为这组最小截距的整数倍。

在实际工作中，常以结晶学原胞的基矢 $\boldsymbol{a}$，$\boldsymbol{b}$，$\boldsymbol{c}$ 为坐标轴表示面指数。此时，晶面在 3 坐标轴上的截距的倒数比记为

$$\frac{1}{r}:\frac{1}{s}:\frac{1}{t}=h:k:l$$

整数 h，k，l 用于表示晶面的法向，称 hkl 为该晶面族的密勒指数，记为(hkl)。

若某一晶面在 $\boldsymbol{a}$，$\boldsymbol{b}$，$\boldsymbol{c}$ 3 坐标轴的截距为 4，1，2，则其倒数之比为$\frac{1}{4}:\frac{1}{1}:\frac{1}{2}=1:4:2$，该晶面族的密勒指数为(142)；若某一截距为无限大，则晶面平行于某一坐标轴，相应的指数就是零；当截距为负数时，在指数上部加一负号，如某一晶面的截距为-2，3，∞，则密勒指数为 $(\bar{3}20)$。一组密勒指数 (hkl) 代表无穷多互相平行的晶面，所有等价的晶面 (hkl) 用 $\{hkl\}$ 来统一表示。一组晶面的面间距用 d_{hkl} 表示。

下列为一简单立方（111）面的示意图，如图 3-5-1 所示。

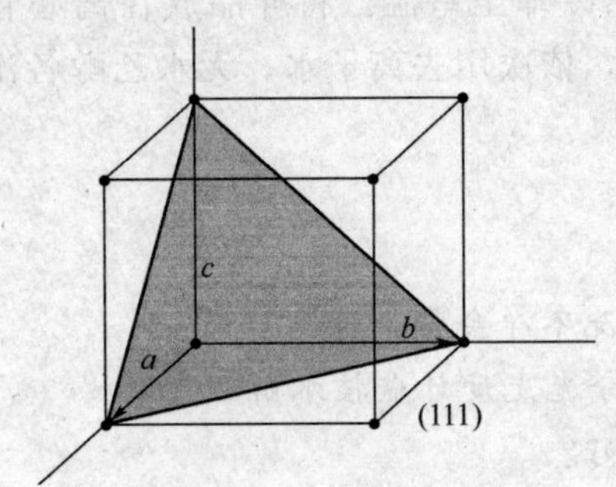

图 3-5-1　简单立方面（111）的示意图

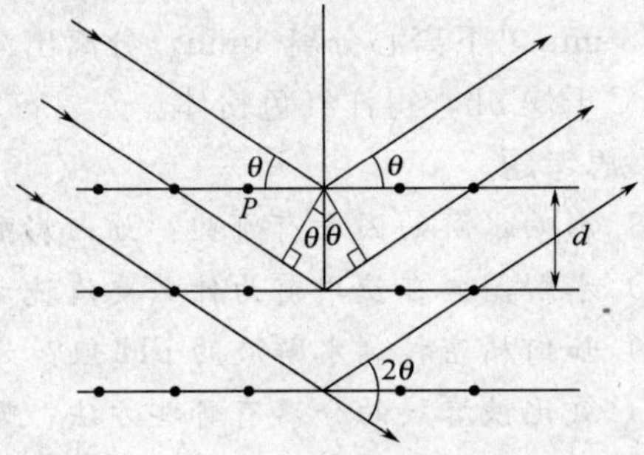

图 3-5-2　平面点阵族的衍射方向

晶体的空间点阵可以划分成若干个平面点阵族。点阵平面族是一组相互平行间距相等的平面。X 射线入射到这族平面点阵上，若入射线与点阵平面的交角为 θ，并满足 $2d_{hkl}\sin\theta=n\lambda$（$n$ 为整数，h，k，l 为晶面指标，有关晶面指标以及晶胞参数等的详细知识请参看有关教材）的关系时，各个点阵平面的散射波在入射波关于晶面法线对称的方向相互加强产生衍射。上式称为 Bragg 方程。如图 3-5-2 所示。

每一种结晶物质都有各自独特的化学组成和晶体结构。没有任何两种物质，它们的晶胞大小，质点种类及其在晶胞中的排列方式是完全一致的。因此，当 X 射线被晶体衍射时，每一种结晶物质都有自己独特的衍射花样，它们的特征可以用各个衍射晶面间距 d 和衍射线的相对强度 I/I_0 来表征。其中晶面间距 d 与晶胞的形状和大小有关，相对强度则与质点的种类及其在晶胞中的位置有关。所以任何一种结晶物质的衍射数据 d 和 I/I_0 是其晶体结

构的必然反映，因而可以根据它们来鉴别结晶物质的物相。

当多种结晶状物质混合或共生（如固溶体），它们的衍射花样也只是简单叠加，互不干扰，相互独立。

获得的衍射花样与已知大量标准单相物质的衍射花样对比，可以判断出待测试样所包含晶体的物相。

与化学分析不同，X 射线衍射分析不仅可以得出组成物质的元素种类及其含量，也能说明其存在状态。例如有两种晶体物质混合在一起，经化学分析指出有 Ca^{2+} 、Na^{+} 、Cl^{-} 及 SO_4^{2-}，X 射线衍射分析可以直接指出它们是 $CaSO_4$ 和 NaCl 还是 Na_2SO_4 和 $CaCl_2$。在区分物质的同素异构体时，X 射线衍射分析更是具有独特的优势。另外 X 射线衍射分析使试样受 X 射线照射，不发生化学反应，也不消耗试样，对试样是无损的。

Y-2000 射线衍射仪由 X 射线发生器——X 射线管、测角仪、X 射线探测器、计算机控制处理系统等组成。

(1) X 射线管

用阴极射线（高速电子束）轰击对阴极（靶）的表面能获得足够强度的 X 射线。各种各样专门用来产生 X 射线的 X 射线管工作原理可用图 3-5-3 表示。

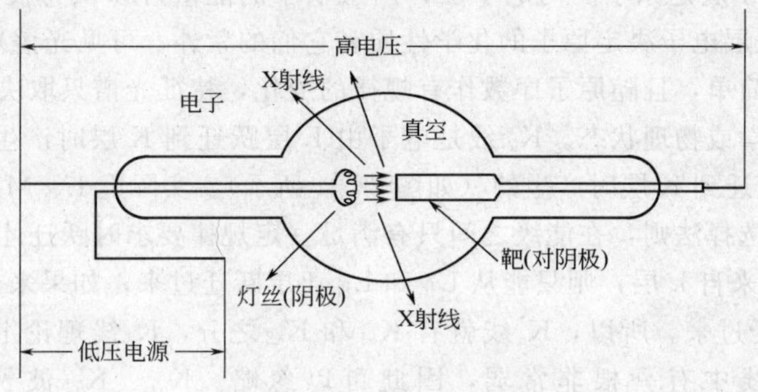

图 3-5-3　X 射线管的工作原理

当灯丝被通电加热至高温时（达 2000℃），大量的热电子产生，在极间的高压作用下被加速，高速轰击到靶面上。高速电子到达靶面，运动突然受阻，其动能部分转变为辐射能，以 X 射线的形式放出，这种形式产生的辐射称为韧致辐射。轰击到靶面上电子束的总能量只有极小一部分转变为 X 射线能，绝大部分能量都转化为热能，所以，在工作时 X 射线管的靶必须采取水冷（或其他手段）进行强制冷却，以免对阴极被加热至熔化，受到损坏。

阴极射线的电子流轰击到靶面，如果能量足够高，靶内一些原子的内层电子会被轰出，使原子处于能级较高的激发态。图 3-5-4 表示的是原子的基态和 K、L、M、N 等激发态的能级图，K 层电子被击出称为 K 激发态，L 层电子被击出称为 L 激发态，依次类推。原子的激发态是不稳定的，寿命不超过 10^{-8}s，此时内层轨道上的空位将被离核更远轨道上的电子所补充，从而使原子能级降低，这时，多余的能量便以光量子的形式辐射出来。图 3-5-4 描述了上述激发机理。处于 K 激发态的原子，当不同外层的电子（L、M、N... 层）向 K 层跃迁时放出的能量各不相同，产生的一系列辐射统称为 K 系辐射。同样，L 层电子被击出后，原子处于 L 激发态，所产生一系列辐射则统称为 L 系辐射，依次类推。基于上述机制产生的 X 射线，其波长只与原子处于不同能级时发生电子跃迁的能级差有关，而原子的能级是由原子结构决定的，因此，这些有特征波长的辐射将能够反映出原子的结构特点，称为特征光谱。

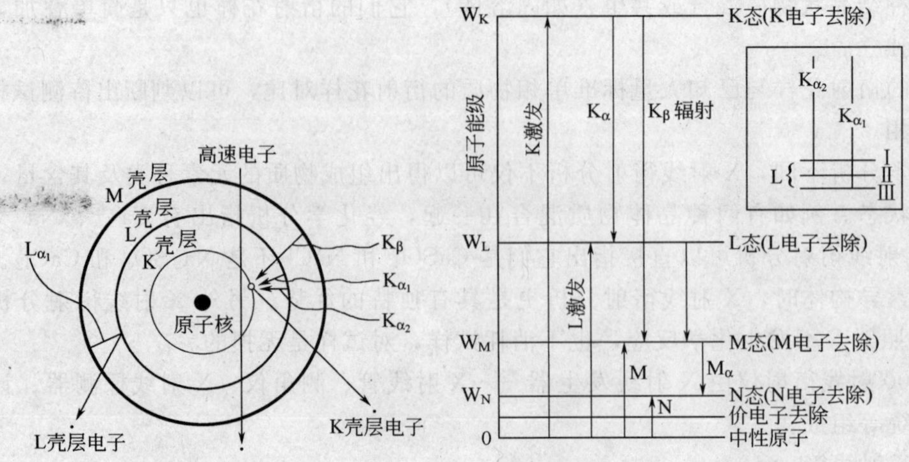

图 3-5-4 元素特征 X 射线的激发原理

元素的每条线光谱都是近单色的，衍射峰的半高宽小于 0.01Å（1Å＝0.1nm）。参与产生特征 X 射线的电子层是原子的内电子层，内层电子的能量可以认为仅决定于原子核而与外层电子无关，（外层电子决定原子的化学性质和它们的紫外、可见光谱），所以，元素的 X 射线特征光谱比较简单，且随原子序数作有规律的变化，特征光谱只取决于元素的种类而不论物质处于何种化学或物理状态。K_α 线是电子由 L 层跃迁到 K 层时产生的辐射，而 K_β 线则是电子由 M 层跃迁到 K 层时产生的（如图 3-5-4 所示）。实际上 L、M 等能级又可分化成几个亚能级，依照选择法则，在能级之间只有满足一定规律要求时跃迁才会发生。例如跃迁到 K 层的电子如果来自 L 层，则只能从 $L_{Ⅱ}$ 和 $L_{Ⅲ}$ 亚层跃迁过来；如果来自 M 层，则只能从 $M_{Ⅱ}$ 及 $M_{Ⅲ}$ 亚层跃迁过来。所以，K_α 线就有 $K_{\alpha1}$ 和 $K_{\alpha2}$ 之分，K_β 线理论上也应该是双重的，但是 K_β 线的两根线中有一根非常弱，因此可以忽略。$K_{\alpha1}$、$K_{\alpha2}$ 波长非常接近，相距 0.004Å，在实际使用时常常分不开，统称为 K_α 线，K_β 线比 K_α 线频率要高，波长要短一些。各个系 X 射线的相对强度与产生该射线时能级的跃迁机遇有关。由于从 L 层跃迁到 K 层的机遇最大，所以 K_α 强度大于 K_β 的强度，而在 K_α 线中，$K_{\alpha1}$ 的强度又大于 $K_{\alpha2}$ 的强度。$K_{\alpha2}$、$K_{\alpha1}$ 和 K_β 三线的强度比约为 50∶100∶22。考虑到 $K_{\alpha1}$ 的强度是 $K_{\alpha2}$ 强度的两倍，所以，K_α 的平均波长应取两者的加权平均值：

$$\lambda_{k\alpha}=(2\lambda_{k\alpha1}+\lambda_{k\alpha2})/3$$

本实验就是利用特征谱线 Kα 来照射结晶物质使之产生衍射。

X 射线管主要分密闭式和可拆卸式两种。生产厂家提供的是密闭式，由阴极灯丝、阳极、聚焦罩等组成，功率大部分在 1～2kW。可拆卸式 X 射线管又称旋转阳极靶，其功率比密闭式大许多倍，一般为 12～60kW。常用的 X 射线靶材有 W、Ag、Mo、Ni、Co、Fe、Cr、Cu 等。X 射线管线焦点为 1×10mm^2，取出角为 3°～6°。

(2) 测角仪

测角仪是粉末 X 射线衍射仪的核心部件，主要由索拉光阑、发散狭缝、接收狭缝、防散射狭缝、样品座及闪烁探测器等组成。如图 3-5-5 所示。

① 衍射仪一般利用线焦点作为 X 射线源 F。如果采用焦斑尺寸为 1×10mm^2 的常规 X 射线管，出射角 6°时，实际有效焦宽为 0.1mm，成为 0.1×10mm^2 的线状 X 射线源。

② 从F发射的X射线，其水平方向的发散角被第一个狭缝限制之后，照射试样。这个狭缝称为发散狭缝（H），生产厂供给0.167°、0.5°、1°、2°、4°的发散狭缝和测角仪调整用0.05mm宽的狭缝。

③ 从试样上衍射的X射线束，在G处聚焦，放在这个位置的第三个狭缝，称为接收狭缝。生产厂供给0.15mm、0.3mm、0.6mm宽的接收狭缝。

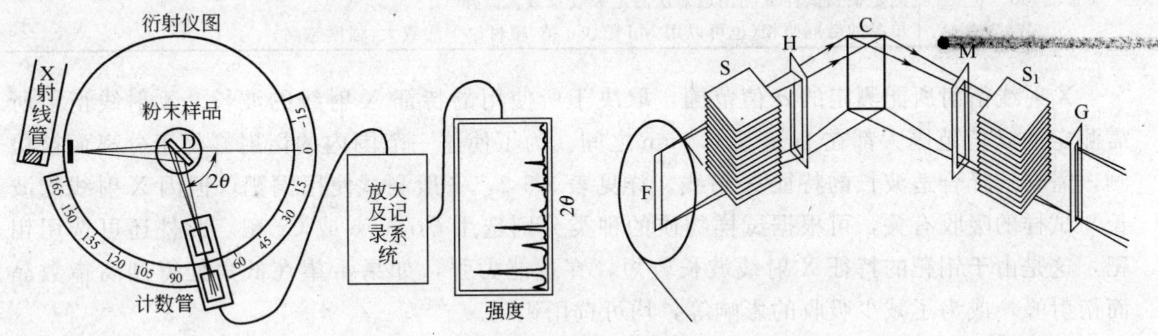

图 3-5-5　测角仪结构和光路示意图

④ 第二个狭缝是防止空气散射等非试样散射X射线进入计数管，称防散射狭缝（M）。H和M配对，生产厂供给与发散狭缝的发射角相同的防散射狭缝。

⑤ S，S1称为索拉狭缝，是由一组等间距相互平行的薄金属片组成，它限制入射X射线和衍射线的垂直方向发散。索拉狭缝装在叫做索拉狭缝盒的框架里。这个框架兼作其他狭缝插座用，即插入H、M和G。

（3）X射线探测记录装置

衍射仪中常用的探测器是闪烁计数器（SC），它是利用X射线能在某些固体物质（磷光体）中产生的波长在可见光范围内的荧光，这种荧光再转换为能够测量的电流。由于输出的电流和计数器吸收的X光子能量成正比，因此可以用来测量衍射线的强度。

闪烁计数管的发光体一般是用微量铊活化的碘化钠（NaI）单晶体。这种晶体经X射线激发后发出蓝紫色的光。将这种微弱的光用光电倍增管来放大，发光体的蓝紫色光激发光电倍增管的光电面（光阴极）而发出光电子（一次电子），光电倍增管电极由10个左右的联极构成。由于一次电子在联极表面上激发二次电子，经联极放大后电子数目按几何级数剧增（约10^6倍），最后输出几个毫伏的脉冲。

（4）计算机控制处理装置

Y-2000衍射仪主要操作都由计算机控制自动完成，扫描操作完成后，衍射原始数据自动存入计算机硬盘中供数据分析处理。数据分析处理包括平滑点的选择、背底扣除、自动寻峰、d值计算、衍射峰强度计算等。

（5）实验参数选择

① 阳极靶的选择　选择阳极靶的基本要求：尽可能避免靶材产生的特征X射线激发样品的荧光辐射，以降低衍射花样的背底，使图样清晰。不同靶材的使用范围见表3-5-1。

必须根据试样所含元素的种类来选择最适宜的特征X射线波长（靶）。当X射线的波长稍短于试样成分元素的吸收限时，试样强烈地吸收X射线，并激发产生成分元素的荧光X射线，背底增高。其结果是峰背比（信噪比）P/B低（P为峰强度，B为背底强度），衍射图谱难以分清。

表 3-5-1　不同靶材的使用范围

靶的材料	经常使用的条件
Cu	除了黑色金属试样以外的一般无机物，有机物
Co	黑色金属试样(强度高，背底也高，最好用单色器)
Fe	黑色金属试样(缺点是靶的允许负荷小)
Cr	黑色金属试样(强度低，但 P/B 大)，应力测定
Mo	测定钢铁试样或利用透射法测定吸收系数大试样
W	单晶的劳厄照相(也可以用 Mo 靶、Cu 靶，靶材原子序数大，强度越高)

X 射线衍射所能测定的 d 值范围，取决于所使用的特征 X 射线的波长。X 射线衍射所需测定的 d 值范围大都在 1nm 至 0.1nm 之间。为了使这一范围内的衍射峰易于分离而被检测，需要选择合适波长的特征 X 射线。详见表 3-5-2。一般测试使用铜靶，但因 X 射线的波长与试样的吸收有关，可根据试样物质的种类分别选用 Co、Fe 或 Cr 靶。此外还可选用钼靶，这是由于钼靶的特征 X 射线波长较短，穿透能力强，如果希望在低角处得到高指数晶面衍射峰，或为了减少吸收的影响等，均可选用钼靶。

表 3-5-2　几种不同靶材的特征 X 射线波长

阳极物质	原子序数	波长 10^{-10}m			
		$K_{\alpha 1}$	$K_{\alpha 1}$	K_{α}	K_{β}
Ag	47	5.5941	5.6380	5.6084	4.859
Mo	42	7.0930	7.1359	7.1073	5.198
Cu	29	15.4051	15.4433	15.4178	13.804
Ni	28	16.5791	16.6175	15.6919	14.881
Co	27	17.8897	17.9285	17.9026	16.062
Fe	26	19.3604	19.3998	19.3735	17.435
Cr	24	22.8971	22.9361	22.9100	20.702

② 管电压和管电流的选择　工作电压设定为 3～5 倍的靶材临界激发电压。选择管电流时功率不能超过 X 射线管额定功率，较低的管电流可以延长 X 射线管的寿命。

X 射线管经常使用的负荷（管压和管流的乘积）选为最大允许负荷的 80%左右。但是，当管压超过激发电压 5 倍以上时，强度的增加率将下降。所以，在相同负荷下产生 X 射线时，在管压约为激发电压 5 倍以内时要优先考虑管压，在更高的管压下其负荷可用管流来调节。靶元素的原子序数越大，激发电压就越高。由于连续 X 射线的强度与管压的平方成正比，特征 X 射线与连续 X 射线的强度之比，随着管压的增加接近一个常数，当管压超过激发电压的 4～5 倍时反而变小，所以，管压过高，信噪比 P/B 将降低，这是不可取得的。具体数据见图 3-5-6 所示。

③ 发散狭缝的选择（DS）　发散狭缝（DS）决定了 X 射线水平方向的发散角，限制试样被 X 射线照射的面积。如果使用较宽的发射狭缝，X 射线强度增加，但在低角处入射 X 射线超出试样范围，照射到边上的试样架，出现试样架物质的衍射峰或漫散峰，对定量相分析带来不利的影响。因此有必要按测定目的选择合适的发散狭缝宽度。

通常定性物相分析选用 1°发散狭缝，当低角度衍射特别重要时，可以选用 0.5°（或 0.167°）发散狭缝。

④ 防散射狭缝的选择（M）　防散射狭缝用来防止空气等物质引起的散射 X 射线进入探测器，选用 M 与 H 角度相同。

请设定以下参数

参数	设定值	范围
扫描方式	连续扫描	1.连续扫描 2.阶梯扫描
驱动方式	双轴联动	1.Theta轴单动 2.2Theta轴单动 3.双轴联动
波长值	Cu-1.54178	波长范围：0.1--9
起始角度	20	角度范围：0--160度
停止角度	90	角度范围：0--160度
扫描速度	0.1	速度范围：0.001-0.127 或 0.01-1.27度/秒
采样时间	1	时间范围：0.05--1000秒
满量程(cps)	100	满量程:1E2 2E2 5E2 1E3 2E3 5E3 1E4 2E4 5E4 1E5 2E5 5E5
管电压(kV)	30	管电压范围:10--60kV
管电流(mA)	20	管电流范围:5--80mA
探测器	闪烁探测器	1.正比探测器 2.闪烁探测器
滤波片	镍Ni	1.空 2.镍Ni 3.铁Fe 4.锰Mn 5.钒V 6.锆Zr
单色器(石墨)	无	0.无 1.有
文件名称	070410sisio2	
发散狭缝(度)	1	
散射狭缝(度)	1	1810自控单元未准备好
接收狭缝(mm)	0.2	
样品名称	si-sio2	

图 3-5-6　衍射仪测试条件参数选择

⑤ 接收狭缝的选择（G）　接收狭缝的大小影响衍射线的分辨率。接收狭缝越小，分辨率越高，衍射强度越低。通常物相定性分析时使用 0.3mm 的接收狭缝，精确测定可使用 0.15mm 的接收狭缝。

⑥ 滤波片的选择

Z滤＜Z靶－（1～2）

Z靶＜40，Z滤＝Z靶－1

Z靶＞40，Z滤＝Z靶－2

生产厂家提供镍滤波片。

⑦ 扫描范围的确定　不同的测定目的，其扫描范围也不同。当选用 Cu 靶进行无机化合物的相分析时，扫描范围一般为 90°～2°（2θ）；对于高分子，以及有机化合物的相分析，其扫描范围一般为 60°～2°；在定量分析，点阵参数测定时，一般只对目标衍射峰扫描几度。

⑧ 扫描速度的确定　常规物相定性分析常采用每分钟 2°或 4°的扫描速度，在进行点阵参数测定，微量分析或物相定量分析时，常采用每分钟 0.5°或 0.25°的扫描速度。

（6）样品的制备

X 射线衍射分析的样品主要有粉末样品、块状样品、薄膜样品、纤维样品等。样品不同，分析目的不同（定性分析或定量分析），则样品制备方法也不同。

① 粉末样品　X 射线衍射分析的粉末试样必需满足这样两个条件：晶粒要细小，试样无择优取向（取向排列混乱）。所以，通常将试样研细后使用，可用玛瑙研钵研细。定性分析时粒度应小于 44μm（350 目），定量分析时应将试样研细至 10μm 左右。较方便地确定 10μm 粒度的方法是，用拇指和中指捏住少量粉末，并碾动，两手指间没有颗粒感觉的粒度

大致为 10μm。

常用的粉末样品架为玻璃试样架，在玻璃板上蚀刻出试样填充区为 20×18mm²。玻璃样品架主要用于粉末试样较少时（约少于 500mm³）使用。充填时，将试样粉末一点一点地放进试样填充区，重复这种操作，使粉末试样在试样架里均匀分布并用玻璃板压平实，要求试样面与玻璃表面齐平。如果试样的量少到不能充分填满试样填充区，可在玻璃试样架凹槽里先滴一滴薄层用醋酸戊酯稀释的火棉胶溶液，然后将粉末试样撒在上面，待干燥后测试。

② 块状样品　先将块状样品表面研磨抛光，大小不超过 20×18mm²，然后用橡皮泥将样品粘在样品支架上，要求样品表面与样品支架表面平齐。

（7）样品的测试

① 开机前的准备和检查　将制备好的试样插入衍射仪样品台，盖上顶盖关闭防护罩；开启水龙头，使冷却水流通；X 光管窗口应关闭，管电流管电压表指示应在最小位置；接通总电源。

② 开机操作　开启衍射仪总电源，启动循环水泵；待数分钟后，打开计算机 X 射线衍射仪应用软件，设置管电压、管电流至需要值，设置合适的衍射条件及参数，开始样品测试。

③ 停机操作　测量完毕，关闭 X 射线衍射仪应用软件；取出试样；15min 后关闭循环水泵，关闭水源；关闭衍射仪总电源及线路总电源。

（8）物相定性分析方法

X 射线衍射物相定性分析方法的基本原理是匹配 d 和 I 判断存在的物相。通过 X 射线衍射仪扫描得到试样的 X 射线衍射谱，如图 3-5-7 所示。由 2θ 角根据布拉格公式可以算出对应的 d 值。如果将几种物质混合拍照，则所得衍射线条将是各个单独物相衍射结果的简单叠加。根据这一原理就可能从混合物的衍射花样中将各物相一个一个地寻找出来。

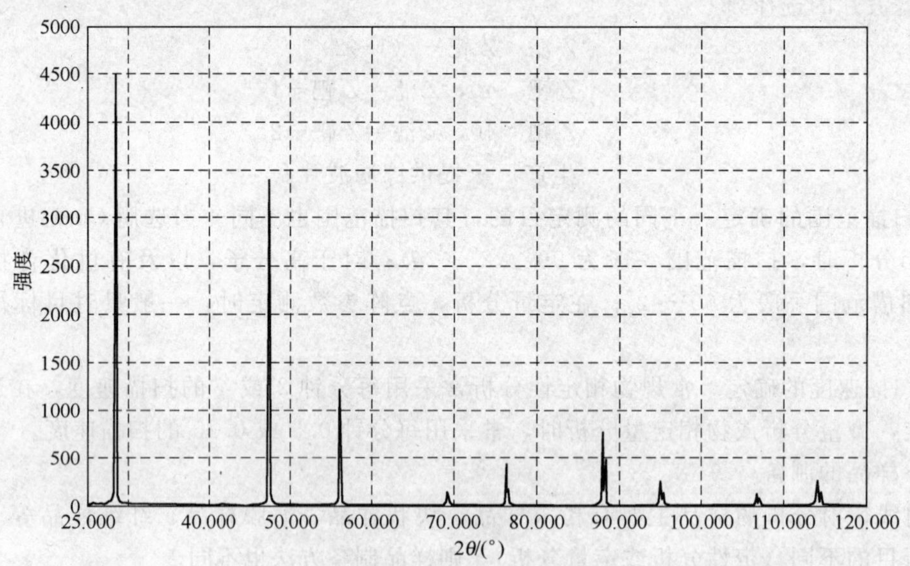

图 3-5-7　某种硅晶体的衍射谱

如果拍摄了大量标准单相物质的图样，则物相分析就变成了简单的对照工作，但由于数量大，必须制定一套迅速检索的办法。这种办法由哈那瓦特于 1938 年创立。图样上线条的位置由衍射角决定，而取决于波长又及面间距 d，其中 d 是由晶体结构决定的基本量，因此，在卡片上列出一系列 d 及对应的强度 I，就可以代替衍射图样。应用时只需将所测图样经过简单的转换就可以与标准卡片相对照，而且在拍照图样时不必局限于使用与制作卡片时相同的波长。哈那瓦特及其协作者最初制作了约 1000 种物质的图样，1942 年由美国材料试验协会（The American Society for Testing Materials）整理并出版了卡片约 1300 张，这就是通常使用的 ASTM 卡片。此种卡片后来逐年均有所增添。1969 年起，由美国材料试验协会和英国、法国、加拿大等国家的有关协会共同组成名为“粉末衍射标准联合委员会”负责卡片的收集，校订和编辑工作，并出版了名为粉末衍射卡组（The Powder Diffraction File），简称 PDF 卡片（见图 3-5-8），为了检索的迅速方便，又制定了索引。

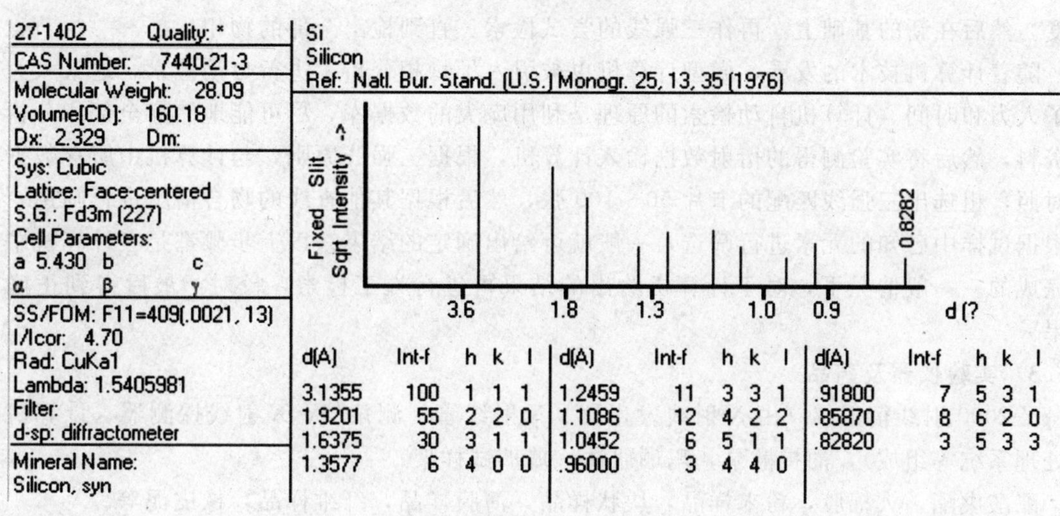

图 3-5-8 标准 PDF 卡片样片

这里介绍一种检索方法-三强线法的过程。

对单一物相

① 从前反射区（$2\theta<90°$）中选取强度最大的三根线，见图 3-5-6，使其 d 值按强度递减的次序排列。

② 在数字索引中找到对应的 $d1$（最强线的面间距）组。

③ 按次强线的面间距 $d2$ 找到接近的几列。

④ 检查这几列数据中的第三个 d 值是否与待测样的数据对应，再查看第四至第八强线数据并进行对照，最后从中找出最可能的物相及其卡片号。如图 3-5-7 所示。

卡片上包含：

A—卡片序号；Quality 右上角标号★表示数据高度可靠；○表示可靠性较低；无符号者表示一般；i 表示已指数化和估计强度，但不如有星号的卡片可靠；c 表示数据为计算值。

B—化学分析、试样来源、分解温度、转变点、热处理、实验温度等。

C—物相的结晶学数据。

D—所用实验条件、矿物学通用名称、有机物结构式。

E—物相的化学式和名称。

F—收集到的衍射的 d（或相应的角度值）、I/I_1 和 hkl 值。

⑤ 找出可能的标准卡片，将实验所得 d 及 I/I_1 跟卡片上的数据详细对照，如果完全符

合，物相鉴定即告完成。

如果待测样的数据与标准数据不符，则须重新排列组合并重复②～⑤的检索手续。如为多相物质，当找出第一物相之后，可将其线条剔出，并将留下线条的强度重新归一化，再按过程①～⑤进行检索，直到得出正确答案。

如果试样中含有多种物相，就会变得复杂。因为这需要一个相一个相的鉴定。而且被测衍射花样的三强线不一定属于同一个相。要想找到某个相的三强线必须排列组合多次尝试。当检索出一个相后，要将除出已鉴定相之外的剩余衍射线的强度重新进行归一化处理，即在剩余衍射线中重新用其中的最强线峰高去除剩余衍射线的峰高强度，得到重新归一化的相对强度。然后在新的基础上，再作三强线的尝试检索。直到检出全部的物相。

随着计算机技术的发展，微型计算机也被引入了物相分析，进行自动检索，这就大大节约了人力和时间。计算机自动检索的原理是利用庞大的数据库，尽可能地储存全部相分析卡片资料，然后将实验测得的衍射数据输入计算机，根据三强线原则，与计算机中所存数据一一对照，粗选出三强线匹配的卡片 50～100 张，然后根据其他查线的吻合情况进行筛选，最后根据试样中已知的元素进行筛选，一般就可给出确定的结果。以上步骤都是在计算机中自动完成的。一般情况下，对于计算机给出的结果再进行人工检索，校对，最后得到正确的结果。

3.5.3 实验仪器及药品

Y-2000 射线衍射仪（由 X 射线发生器、X 射线管、测角仪、X 射线探测器、计算机控制处理系统等组成），油扩散泵，玛瑙研钵，玻璃试样架；

醋酸戊酯，火棉胶，粉末样品，块状样品，薄膜样品，纤维样品，橡皮泥等。

3.5.4 实验步骤

（1）实验课前必须预习实验讲义，掌握实验原理等必需知识。

（2）由教师在现场介绍衍射仪的构造，进行操作示范。

（3）按照操作规则和步骤（包括样品制备，实验参数选择，测试，数据处理，计算机自动检索，人工校对等）进行操作并进物相定性分析。

（4）实验报告要求写出：实验原理，实验方案步骤，物相鉴定分析结果等。

（5）鉴定结果要求写出样品名称（中英文），卡片号，实验数据和标准数据三强线的 d 值、相对强度及（hkl），并进行简单误差分析。

3.5.5 注意事项

（1）使用油扩散泵、电离真空计必须遵守使用规则。

（2）注意实验过程中各部分的开启和关闭顺序。

（3）实验结束后，应对机械泵前级充气，以免返油。

3.5.6 实验拓展与创新

（1）测试操作者，应如何选择合适的 X 射线管及管电压和管电流？

（2）查阅文献资料，了解 X 射线衍射分析在纳米材料合成中的应用。

3.5.7 思考题

（1）简述 X 射线衍射仪的结构和工作原理。

（2）粉末样品制备有几种方法，应注意什么问题？

（3）X 射线谱图分析鉴定应注意什么问题？

实验3.6 透射电子显微镜的结构及图像观察

3.6.1 实验目的

（1）了解透射电子显微镜的结构和工作原理

（2）了解透射电子显微镜样品制备的方法

（3）了解透射电镜的分析方法

3.6.2 实验原理

3.6.2.1 透射电子显微镜的工作原理

目前，透射电镜的型号虽然各异，但其结构原理基本相同，大体上可分为电子光学系统、真空系统、供电控制系统和冷却系统四大部分。电子光学系统是电镜的最主要部分，结构如图 3-6-1 所示。

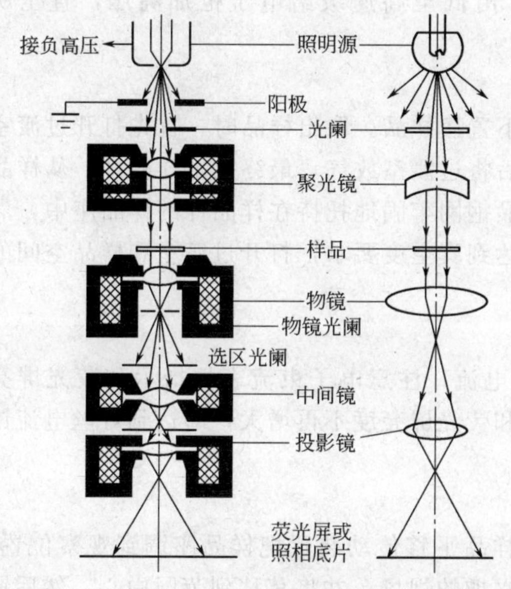

图 3-6-1 透射电镜电子光学系统构造和光路图

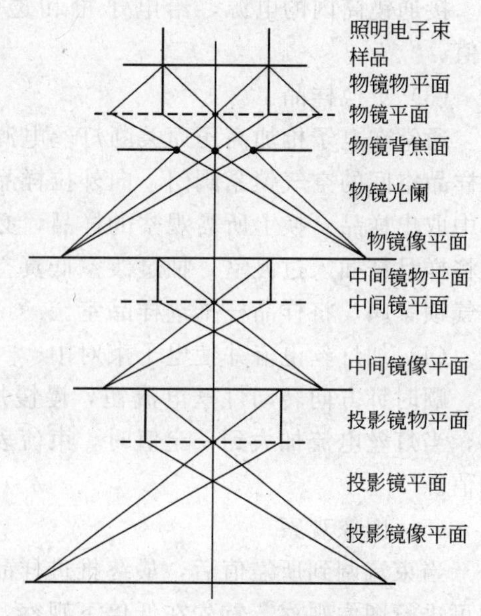

图 3-6-2 三级成像系统光路图

透射电镜的成像原理与光学显微镜相似。现以三级成像放大系统为例加以说明。其光路原理如图 3-6-2 所示。由照明部分提供的有一定孔径角和强度的电子束平行地投影到处于物镜物平面处的样品上，通过样品和物镜的电子束在物镜后焦面上形成衍射振幅极大值，即第一幅衍射谱。这些衍射束在物镜的像平面上相互干涉形成第一幅反映试样微区特征的电子图像。通过聚焦（调节物镜激磁电流），使物镜的像平面与中间镜的物平面一致，中间镜的像平面与投影镜的物平面一致，投影镜的像平面与荧光屏相一致，这样在荧光屏上就观察到一幅经物镜、中间镜和投影镜放大后有一定衬度和放大倍数的电子图像。由于试样各微区的厚度、原子序数、晶体结构或晶体取向不同，通过试样和物镜的电子束强度产生差异，因而在荧光屏上显现出由暗亮差别所反映出的试样微区特征的显微电子图像。电子图像的放大倍数为物镜、中间镜及投影镜的放大倍数之乘积。此外，在薄晶体试样分析中，除使用明场成像方式外，还使用暗场成像方式。明场像是用透射束通过物镜光阑成像，暗场像是用衍射束通过物镜光阑成像。前者亮度大，反差小；后者亮度小，反差大，两种图像的暗明部分正好相反。暗场像对于分析复杂电子衍射花样和晶体缺陷极为有用。

3.6.2.2　透射电镜的调整和操作

各种型号的电镜操作方法按其使用说明书进行。使用前必须进行合轴调整，使照明部分与成像部分严格同轴。聚光镜、中间镜和投影镜的合轴调整，即镜筒对中，只在仪器安装调试或清洗维修后才进行。在日常分析中要经常注意电子枪的合轴状况和照明部分的合轴调整。

透射电镜的一般操作步骤为：

(1) 抽真空

接通总电源，打开冷却水，接通抽真空开关，真空系统就自动的抽真空。一般经 15～20min 后，真空度即可达到 10^{-4}～10^{-5} Torr（1Torr＝133.322Pa），待高真空指示灯亮后即可上机工作。

(2) 加电子枪高压

接通镜筒内的电源，给电子枪和透镜供电，由低至高速级给电子枪加高压，直至所需值。

(3) 更换样品

通常在电子枪加高压而关断灯丝电源的条件下置换样品。取出样品时，首先打开过渡室和样品空间的空气锁紧阀门，向外拉样品杆，然后将过渡室放气，最终拉出样品杆，从样品座中取出样品。换上所需观察的样品，必须将样品钢网牢固地托持在样品杆的样品座中，然后将样品杆插入过渡室，抽过渡室低真空并使其达到真空度要求，打开过渡室和样品空间的空气锁紧阀，将样品杆推进样品室。

(4) 加灯丝电流并使电子束对中

顺时针方向转动灯丝电流钮，慢慢加大灯丝电流，注意电子束流表的指示和荧光屏亮度，当灯丝电流加大到一定值时，束流表的指示和荧光屏亮度不再增大，即达到灯丝电流饱和值。

(5) 图像观察

当束流调到所需值后，最终推进样品杆，用样品平移传动装置把样品座调到观察位置，即可进行图像观察。首先在低倍下观察，选择感兴趣的视场，并将其移到荧屏中心，然后调节中间镜电流确定放大倍数，调节物镜电流使荧光屏上的图像聚焦至最清晰。

(6) 照相记录

当荧光屏上的图像聚焦至最清晰时，便可进行照相记录。调节图像亮度和相应的曝光时间。当两者匹配得当（曝光表上绿灯亮时），拉开曝光快门，将荧光屏翻起，让携带样品信息的电子束照射到胶片上使其感光，正常曝光时间以 4～8s 为宜。

(7) 停机

顺序地关断灯丝电源、关断高压、镜筒内的电源、关断抽真空开关、约 30min 后关断总电源和冷却水。

3.6.2.3　试样的制备

(1) 粉末样品的制备

用超声波分散器将需要观察的粉末在溶液中分散成悬浮液。用滴管滴几滴在覆盖有碳加强火棉胶支持膜的电镜铜网上。待其干燥后，再蒸上一层碳膜，即成为电镜观察用的粉末样品。

(2) 薄膜样品的制备

块状材料是通过减薄的方法制备成对电子束透明的薄膜样品。制备薄膜一般有以下步骤：(a) 切取厚度小于0.5mm的薄块。(b) 用金相砂纸研磨，把薄块减薄到0.1～0.05mm左右的薄片。为避免严重发热或形成应力，可采用化学抛光法。(c) 用电解抛光，或离子轰击法进行最终减薄，在孔洞边缘获得厚度小于500nm的薄膜。

(3) 复型样品的制备

样品通过表面复型技术获得。所谓复型技术就是把样品表面的显微组织浮雕复制到一种很薄的膜上，然后把复制膜（叫做“复型”）放到透射电镜中去观察分析，这样才使透射电镜应用于显示材料的显微组织。复型方法中用得较普遍的是碳一级复型、塑料二级复型和淬取复型。

3.6.3 实验仪器及药品

透射电子显微镜（型号：日本电子JEOL 1230)，离子减薄仪，真空镀膜仪，真空干燥箱，冰箱，凹坑研磨机，磨片机，超薄切片机，制刀机，加热板，ϕ3mm冲片器；方解石、石英、萤石、$SrTiO_3$、$BaTiO_3$。

3.6.4 实验步骤

自行选定两种方案的一种。

(1) 方案一　纳米材料表征

① 试样的准备　自己选定一种一维纳米材料，如碳纳米管、纳米线或纳米带。

② 透射电镜试样制备　自己选定以下的方法：

a) 粉末法：自行设计工艺路线。所用设备：真空镀膜仪、真空干燥箱等。

b) 切片法：自行包埋试样，然后进行切片。所用设备：超薄切片机、制刀机、冰箱、加热板和真空干燥箱等。

③ 电镜观察　在指导老师的指导下，选择区域，获得高质量的高分辨电子显微像。

(2) 方案二　晶体材料的物相分析

① 试样准备　自行选定一种固体结晶质材料，如方解石、石英、萤石、$SrTiO_3$、$BaTiO_3$等。

② 试样制备　机械磨薄和离子减薄。所用设备为离子减薄仪、ϕ3mm冲片器、磨片机、凹坑研磨机和加热板等。

(3) 方案三　用透射电子显微镜进行电子衍射，获得二到三张电子衍射图。

3.6.5 注意事项

离子减薄法中

(1) 凹坑过程试样需要精确的对中，先粗磨后细磨抛光，磨轮负载要适中，否则试样易破碎。

(2) 凹坑完毕后，对凹坑仪的磨轮和转轴要清洗干净。

(3) 凹坑完毕的试样需放在丙酮中浸泡、清洗和晾干。

(4) 进行离子减薄的试样在装上样品台和从样品台取下这两个过程，需要非常的小心和细致的动作，因为此时ϕ3mm薄片试样的中心已非常薄，用力不均或过大，很容易导致试样破碎。

(5) 需要很好的耐心，欲速则不达。

3.6.6 实验拓展与创新

透射电镜样品的制备方法很多，如超薄切片法、复型法、冰冻蚀刻法、滴液法等。其中滴液法，或在滴液法基础上发展出来的其他类似方法如直接贴印法、喷雾法等主要被用于观察病毒粒子、细菌的形态及生物大分子等。而由于生物样品主要由碳、氢、氧、氮等元素组成，散射电子的能力很低，在电镜下反差小，所以在进行电镜的生物样品制备时通常还需采用重金属盐染色或金属盐喷镀等方法来增加样品的反差，提高观察效果。例如负染色法就是用电子密度高，本身不显示结构且与样品几乎不反应的物质（如磷钨酸钠或磷钨酸钾）来对样品进行“染色”。由于这些重金属盐不被样品组分所吸附而是沉积到样品四周，如果样品具有表面结构，这种物质还能穿透进表面上凹陷的部分，因而在样品四周有染液沉积的地方，散射电子的能力强，表现为暗区，而在有样品的地方散射电子的能力弱，表现为亮区。这样便能把样品的外形与表面结构清楚地衬托出来。负染色法由于操作简单，目前在进行透射电镜生物样品制片时比较常用。

细菌的电镜样品制备：

(1) 将适量无菌水加入生长良好的细菌斜面内，用吸管轻轻拨动菌体制成菌悬液。用无菌滤纸过滤，并调整滤液中的细胞浓度为 108～109 个/毫升。

(2) 取等量的上述菌悬液与等量的质量分数 $w=2\%$的磷钨酸钠水溶液混合，制成混合菌悬液。

(3) 用菌毛细吸管吸取混合菌悬液滴在铜网膜上。

(4) 经 3～5min 后，用滤纸吸去余水，待样品干燥后，置低倍光学显微镜下检查，挑选膜完整、菌体分布均匀的铜网。

有时为了保持菌体的原有形状，常用戊二醛、甲醛、锇酸蒸气等试剂固定后再进行染色。其方法是将用无菌水制备好的菌悬液经过过滤，然后向滤液中加几滴固定液（如 pH＝7.2，$w=0.15\%$的戊二醛磷酸缓冲液），经这样预先稍加固定后，离心，收集菌体，再用无菌水制成菌悬液，并调整细胞浓度为 108～109 个/毫升。然后按上述方法染色。

3.6.7 思考题

(1) 透射电镜主要由哪些部分组成？电子光学系统有哪些主要组件？其作用是什么？

(2) 以三级成像系统为例，说明透射电镜的成像原理？

(3) 试说明质厚衬度成像原理，如何正确分析复型图像？

(4) 在电子衍射图谱的标定中，如何应用选区电子衍射的基本公式？

实验 3.7 扫描电子显微镜的结构及图像观察

3.7.1 实验目的

(1) 了解扫描电镜的结构原理与操作方法

(2) 了解背散射电子像的应用

(3) 了解使用二次电子像对断口形貌的观察

(4) 了解粉末试样和复型试样图像的观察及分析

3.7.2 实验原理

3.7.2.1 扫描电子显微镜的工作原理

扫描电镜的主要构造分为五部分：电子光学系统、扫描系统、信号接收、放大与显示系统、真空系统及电源系统，如图 3-7-1 所示。

扫描电镜的成像原理不同于光学显微镜和透射电镜，是以类似于电视摄影显像的方式，用细聚焦的电子束在样品表面扫描，激发产生的某些物理信号调制成像。在扫描电镜中，从电子枪射出的电子束经三级聚光镜聚焦，在扫描线圈的作用下，在样品表面扫描，激发产生各种物理信号，其强度取决于试样表面的形貌和成分特征。探测器接收这些物理信号，经放大器放大，送至显像管栅极，调制其亮度，显示出由暗亮差别所反映的试样表面特征的扫描电子图像。由于显像管和镜筒中的电子束在同一个扫描线圈作用下作同步扫描，显像管的亮度是由试样激发出的电子信号强度来调制的，因此来自试样表面某一点的信号强度与显示屏上相应点的亮度是一一对应的，试样表面状态不同，图像上相应处的亮度也必然不同。

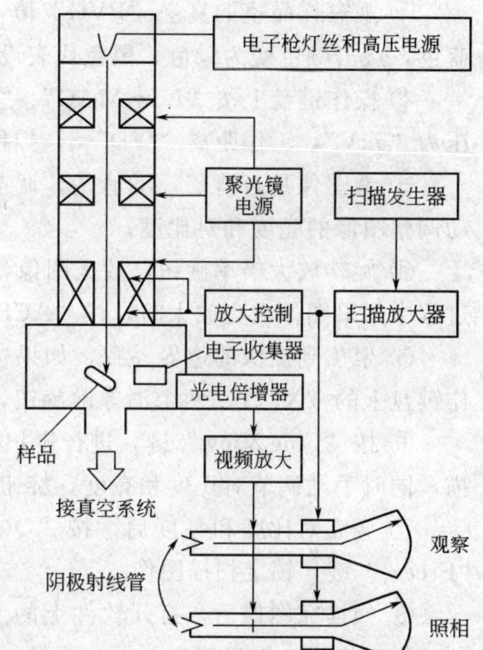

图 3-7-1 扫描电镜构造示意图

3.7.2.2 扫描电镜的操作步骤

（1）开机

① 接通电源，打开冷却水，打开主机控制电源；

② 抽真空：合上真空系统开关，用机械泵抽真空，加热油扩散泵抽高真空；

③ 打开主机控制电脑，后开控制台电源，再打开软件；

④ 按 Tool 和 PVG 键，检查电子枪室、聚焦镜室及样品室的真空。

（2）安装样品

① 检查高压是否处于关闭状态（如“HT”键为绿色，点击“HT”键，关闭高压，“HT”键为蓝色或黑色）；

② 点击样品台按钮，按“Exchange”键，检查 X、Y、R、Z 及 T 值，“Exchange”灯亮；

③ 将送样杆放至水平，轻推送样杆到样品室，停顿 1s 后，抽出送样杆并将送样杆竖起卡好，注意观察“Hold”关闭，为样品台离开样品室；

④ 按“Vent”直至灯闪，对样品交换室放氮气，直至灯亮；

⑤ 松开样品交换室锁扣，打开样品交换室，取下原有的样品台，将已固定好样品的样品台，按箭头方向放到送样杆末端的卡爪内；

⑥ 关闭样品交换室门，扣好锁扣；

⑦ 按“EVAC”按钮，开始抽真空，“EVAC”闪烁，待真空达到一定程度，“EVAC”点亮；

⑧ 将送样杆放下至水平，向前轻推至送样杆完全进入样品室，无法再推动为止，停留 1s，确认“Hold”灯点亮；

⑨ 将送样杆向后轻轻拉回直至末端台阶露出导板外（非常重要，否则易引起送样杆损坏），将送样杆竖起卡好。

（3）试样的观察

① 观察样品室的真空“PVG”值，当真空好于 5×10^{-4} Pa 时，看“HT”高压是否为蓝色，点击颜色变为绿色，黑色代表设备有故障；

② 操作键盘上按“Low MAG”、“Quick View”，软件上扫描的发射电流射为 10μA，高压为“5kV”，工作距离“WD”8，扫描模式为“Lei”；

③ 看图像是否清楚，不清楚，调节聚焦旋钮，直至图像清楚，同时按“ACB”键，自动调整图像的亮度和对比度；

④ 旋转放大倍率旋钮，放大图像，直至图像清楚，再放大……直到放大到所需要的图，过程中如果图像太亮或太暗，按“ACB”按钮；

⑤ 聚焦到图像的边界一致，如果边界清晰，说明图像已选好，如果边界模糊，调节操作键盘上的“X、Y”两个消像散旋钮，直至图像边界清晰；

⑥ 按“Fine View”键，进行慢扫描，该键有 20s 和 80s 两个扫描速度，一般用 80s 扫描，同时手动调节对比度和亮度，旋钮分别为“Contrast”和“Brightness”；

⑦ 调完对比度和亮度后，按“Quick View”和“Fine View”键，进行扫描，同时按“Freeze”键，锁定扫描图像。

⑧ 扫描完图像后，打开软件上的“Save”窗口，按“Save”键，填好图像名称，选择图像保存格式，然后确定，保存图像。

⑨ 可以对扫描样品的图像进行测量，测量长、宽、高及角度，还可以在图像加标注，选择“Export”键保存图像，测量和标注的结果会一起保存。

(4) 微区组分分析。

① 对扫描的图像，进行累谱；

② 进行定性，按“Auto ID”键，给出图像中所包含的各种化学元素；

③ 打开化学元素周期表，加入已知的化学元素，给出图像中各个元素的质量和物质的量含量的半定量的报告；

④ 氧化物的定量，打开化学元素周期表，加入已知的化学元素，给出图像中各个氧化物的质量和物质的量含量的报告；

⑤ 面分析：调节各个窗口的亮度和对比度，图像中的亮点，为元素所处的位置（一个窗口一种元素），不同的窗口可以选择不同的颜色；

⑥ 线分布：在图像上选择位置，画一条线，画线上给出标尺和粗糙度，同时给出线上各个元素的分布曲线，一种元素一个曲线。

3.7.2.3 试样的制备

(1) 粉末样品的制备

粉末样品制备常用的是胶纸法，先把两面胶纸粘贴在样品座上，然后把粉末撒到胶纸上，吹去为粘贴在胶纸上的多余粉末即可。对于不导电的粉末样品也必须喷镀导电层。

(2) 块状样品的制备

对于导电性材料只要切取适合于样品台大小的试样块，用导电胶贴在铜或铝质样品座上，即可直接放到扫描电镜中观察。对于导电性差或绝缘的非金属材料，要用导电胶粘贴到样品座上后，要在离子溅射镀膜仪或真空镀膜仪中喷镀一层导电层。

3.7.3 实验仪器与药品

扫描电镜 JEOL JSM6700F，盖玻片，样品等。

3.7.4 实验步骤

完成一个试样电子像观察的全过程，包括试样制备、仪器操作、图像观察、记录，并写出实验报告。

3.7.5 注意事项

(1) 在真空度没有达到要求之前，隔离阀 V_5 决不能打开；

(2) 在扩散泵开始加热 20min 期间，主阀 V_5 决不能打开；

(3) 在没有进入高真空时，决不能接通探测器高压、电子枪高压及灯丝加热电源；

(4) 不要在关控制台电源的同时，立刻放气到样品室和电子枪；

(5) 高真空冷规指示观测完后，立即转到低真空测量位置。

3.7.6 实验拓展与创新

扫描电镜观察时要求样品必须干燥，并且表面能够导电。因此，在进行扫描电镜微生物样品制备时一般都需采用固定、脱水、干燥及表面镀金等处理步骤。

(1) 固定及脱水

生物样品的精细结构易遭破坏，因此在进行制样处理和进行电镜观察前必须进行固定，以使其能最大限度地保持其生活时的形态。而采用水溶性、低表面张力的有机溶液如乙醇等对样品进行梯度脱水，也是为了在对样品进行干燥处理时尽量减少由表面张力引起的其自然形态的变化。

将处理好的、干净的盖玻片，切割成 4～6mm^2 的小块，将待检的较浓的大肠杆菌悬浮液滴加其上，或将菌苔直接涂上，也可用盖玻片小块粘贴菌落表面，自然干燥后置光学显微镜镜检，以菌体较密，但又不堆在一起为宜；标记盖玻片小块有样品的一面；将上述样品置于戊二醛磷酸缓冲液（w=1%～2%，pH=7.2，20℃）中，置于 40℃冰箱中固定过夜。次日以 0.15%的同一缓冲液冲洗，用 40%、70%、90%和 100%的乙醇分别依次脱水，每次 15min。脱水后，用醋酸戊酯置换乙醇。

另一种与之类似的样品制备方法是采用离心洗涤的手段将菌体依次固定及脱水，最后涂布到盖玻片上。其优点是：①在固定及脱水过程中可完全避免菌体与空气接触，从而可最大程度地减少因自然干燥而引起的菌体变形；②可保证最后制成的样品中有足够的菌体浓度，因为涂在盖玻片上的菌体在固定及干燥过程中有时会从盖玻片上脱落；③确保盖玻片上有样品的一面不会弄错。

(2) 干燥

将上述制备的样品置于临界点干燥器中，浸泡于液态二氧化碳中，加热到临界点温度（31.40℃，7.38MPa）以上，使之气化进行干燥。

样品经脱水后，有机溶剂排挤了水分，侵占了原来水的位置。水是脱掉了，但样品还是浸润在溶剂中，还必须在表面张力尽可能小的情况下将这些溶剂挥发出去，使样品真正得到干燥。目前采用最多、效果最好的方法是临界点干燥法。其原理是在装有溶液的密闭容器中，随着温度的升高，蒸发速率加快，气相密度增加，液相密度下降。当温度增加到某一定值时，气、液两相密度相等，界面消失，表面张力也就不存在了。此时的温度及压力即称为临界点。将生物样品用临界点较低的物质置换出内部的脱水剂进行干燥，可以完全消除表面张力对样品结构的破坏。目前用得最多的置换剂是二氧化碳。由于二氧化碳与乙醇的互溶性不好，因此样品经乙醇分级脱水后还需用与这两种物质都能互溶的液体——醋酸戊酯置换乙醇。

（3）喷镀及观察

将样品放在真空镀膜机内，把金喷镀到样品表面后，取出样品在扫描电镜中观察。

3.7.7 思考题

（1）扫描电镜主要由哪些部分组成？扫描电镜使用时为何要抽真空？说明扫描电镜的成像原理。

（2）比较二次电子像，背散射电子像和吸收电子像的衬度特点。

（3）对于非金属样品，用扫描电镜观察前为何需在样品表面喷镀一层金属？

参 考 文 献

[1] 杜作娟，古映莹．水热法合成锐钛矿型纳米二氧化钛［J］．精细化工中间体，2002，32（5）：24-26.

[2] 仲维卓，华素坤．纳米材料及其水热法制备（上）［J］．上海化工，1998，（11）：25-27.

[3] 仲维卓，华素坤．纳米材料及其水热法制备（下）［J］．上海化工，1998，（12）：25-27.

[4] Yang J，Mei S，Ferreira J M F. Hydrothermal synthesis of TiO_2 nanopowders from tetraalkylammonium hydroxide peptized sols [J]. Materials Science and Engineering：C，2001，15（1-2）：183-185.

[5] Bacsa R R，Grätzel M. Rutile Formation in Hydrothermally Crystallized Nanosized Titania [J]. Journal of the American Ceramic Society，1996，79（8）：2185-2188.

[6] Zhou Y C，Rahaman M N. Hydrothermal synthesis and sintering of ultrafine CeO_2 powders [J]. Journal of Materials Research，1993，8（7）：1680-1686.

[7] Zheng Y，Shi E，Cui S，Li W，Hu X. Hydrothermal Preparation of Nanosized Brookite Powders [J]. Journal of the American Ceramic Society，2000，83（10）：2634-2636.

[8] 施尔畏．水热法的应用与发展［J］．无机材料学报，1996，11（2）：193-206.

[9] Nakahira A，Kato W，Tamai M，Isshiki T，Nishio K，Aritani H. Synthesis of nanotube from a layered $H_2Ti_4O_9 \cdot H_2O$ in a hydrothermal treatment using various titania sources [J]. Journal of Materials Science，2004，39（13）：4239-4245.

[10] Lin C-H，Chien S-H，Chao J-H，Sheu C-Y，Cheng Y-C，Huang Y-J，Tsai C-H. The Synthesis of Sulfated Titanium Oxide Nanotubes [J]. Catalysis Letters，2002，80（3）：153-159.

[11] CHEN Q，DU G H，PENG L M. Nanotubes made from layered $H_2Ti_3O_7$ trititanate. Journal of Chinese Electron Microscopy Society. 2002，21（3）：265-210.

[12] 王芹，陶杰，翁履谦等．氧化钛纳米管的合成机理与表征［J］．材料开发与应用，2004，19（5）：9-13.

[13] Du G H，Chen Q，R. Che R C，*et al*. Preparation and structure analysis of titanium oxide nanotubes. Applied Physics Letters. 2001，79（22）：3702-3707.

[14] Yao B D，Chan Y，Zhang X Y，*et al*. Formation mechanism of TiO_2 nanotubes. Applied Physics Letters. 2003，82（2）：281-285.

[15] 王保玉，张景会，刘湛鏊．TiO_2 纳米管的制备与表征［J］．精细化工，2003，20（6）：333-336.

[16] 付敏，原鲜霞，马紫峰．TiO_2 纳米管制备及其应用研究进展［J］．化工进展，2005，24（1）：42-46.

[17] 张立德，牟季美．纳米材料和纳米结构［M］．北京：科学出版社，2001.

[18] Harizanov O，Ivanova T，Harizanova A. Study of sol-gel TiO_2 and TiO_2-MnO obtained from a peptized solution [J]. Materials Letters，2001，49（3-4）：165-171.

[19] Piscopo A，Robert D，Weber J V. Comparison between the reactivity of commercial and synthetic TiO_2 photocatalysts [J]. Journal of Photochemistry and Photobiology A：Chemistry，2001，139（2-3）：253-256.

[20] 王琳，吴忆宁，汪炎．溶胶-凝胶法制备纳米二氧化钛及其性能研究［J］．哈尔滨商业大学学报（自然科学版），2006，（3）：76-79.

[21] 杨家玲，张新歌，韩立，王鹏．氧化锌与氧化铁纳米材料的化学制备［J］．天津城市建设学院学报，2002，8（4）：235-237。

[22] 王伟峰，赵彦保，张晓峰．α-Fe_2O_3 纳米微粒的制备与表征［J］．理科爱好者（教育教学版），2009，（1）：113-114.

[23] 丘利，胡玉和．X射线衍射技术及设备［M］．北京：冶金工业出版社，1999.

[24] 马礼敦．近代X射线多晶体衍射-实验技术与数据分析［M］．北京：化学工业出版社，2004.

[25] 王晓春，张希艳．材料现代分析与测试技术［M］．北京：国防工业出版社，2010.

[26] 王英华．X光衍射技术基础［M］．北京：原子能出版社，1993.

[27] 晋勇，孙小松，薛屺. X射线衍射分析技术［M］. 北京：国防工业出版社，1998.
[28] 王培铭，许乾慰. 材料研究方法［M］. 北京：科学出版社，2005.
[29] 储昭琴. 透射电子显微镜在超微颗粒性能表征中的一些应用［J］. 中国粉体技术，2005，11（z1）：35-38.
[30] 方克明，邹兴，苏继灵. 纳米材料的透射电镜表征［J］. 现代科学仪器，2003，2：15-17.
[31] 孟庆昌. 透射电子显微学［M］. 哈尔滨：哈尔滨工业大学出版社，1998.
[32] 朱宜，汪裕苹，陈文雄. 扫描电镜图像的形成处理和显微分析［M］. 北京：北京大学出版社，1991.

第4篇

高分子材料化学实验

第1章　自由基聚合及共聚反应

实验4.1　甲基丙烯酸甲酯的本体聚合

4.1.1　实验目的

(1) 熟悉用本体聚合法制造有机玻璃制品的原理和方法

(2) 了解自动加速效应对本体聚合反应的影响

(3) 了解甲基丙烯酸甲酯的本体聚合过程中的安全操作事项

4.1.2　实验原理

本体聚合是指不加其他介质，只有单体本身，在引发剂、热、光等作用下进行的聚合反应。聚合产物纯度高，适合于制备一些对透明性和电性能要求高的产品。

本体聚合到一定程度，体系黏度大大增加，大分子链移动困难，而单体分子的扩散受到的影响不大。链引发和链增长反应照样进行，而增长链自由基的终止受到限制，结果使得聚合反应速度增加，聚合物分子量变大，出现所谓的自动加速效应。

本体聚合的优点是产品纯净，不存在介质分离问题，可直接制得透明的板材、型材，聚合设备简单，可连续或间歇生产。本体聚合的缺点是体系很黏稠，聚合热不易扩散，温度难控制，轻则造成局部过热，产品有气泡，分子量分布宽，重则温度失调，引起爆聚。解决的办法是先预聚，在反应釜中进行，转化率达10%～40%，放出一部分聚合热，有一定黏度；再后聚，在模板中聚合，逐步升温，使聚合完全。

由于本体聚合有以上特点，所以在反应配方和工艺选择上必然是引发剂的浓度要低和反应温度不宜过高，反应条件有时随不同阶段而定。

本体聚合法常用于聚甲基丙烯酸甲酯（俗称有机玻璃）、聚苯乙烯、低密度聚乙烯、聚丙烯、聚酯和聚酰胺等树脂的生产。

聚甲基丙烯酸甲酯最突出的性能是具有高度的透明性，相对密度小，制品比同体积无机玻璃轻巧得多，同时又具有一定的耐冲击性与良好的低温性能，是航空工业与光学仪器制造工业的重要原料，主要用作航空透明材料（如飞机风挡和座舱罩等）、建筑透明材料（如天窗和大棚等)、仪表防护罩、车辆风挡、光学透镜、医用导光管、化工耐腐蚀透镜、设备标牌、仪表盘和罩盒、汽车尾灯灯罩、电器绝缘部件及文具和生活用品。聚甲基丙烯酸甲酯表面光滑，在一定的弯曲限度内，光线可在其内部传导而不逸出，故外科手术中利用它把光线输送到口腔喉部作照明。

4.1.3 实验仪器及药品

锥形瓶（50mL)，恒温水浴锅，试管夹，试管；

甲基丙烯酸甲酯（MMA)，过氧化苯甲酰（BPO)。

4.1.4 实验步骤

(1) 预聚合

在50mL锥形瓶中加入20mL MMA及单体质量的0.1%的BPO，瓶口用胶塞盖上，用试管夹夹住瓶颈在85～90℃的水浴中不断摇动，进行预聚合约0.5h，注意观察体系的黏度变化，当体系黏度变大，但仍能顺利流动时，结束预聚合。

(2) 浇铸灌模

将以上制备的预聚液分别小心地灌入预先干燥的两支试管中，防止锥形瓶外的水珠滴入。

(3) 后聚合

将灌好预聚液的试管口塞上棉花团，放入45～50℃的水浴中反应约20h，注意控制温度不能太高，否则易使产物内部产生气泡。然后再在烘箱中升温至100～105℃反应2～3h，使单体转化完全，完成聚合。

(4) 取出所得有机玻璃棒，观察其透明性，是否有气泡。

(5) 也可取一部分预聚浆液倒入试管中仍在90℃下加热聚合，观察自动加速作用引起的爆聚现象。

实验相关的原料配方与原料成本核算见表4-1-1

表4-1-1 原料配方与原料成本核算

原料	Ⅰ指定配方	Ⅱ自选配方	原料单价/万元·吨$^{-1}$	吨产品原料核算单耗/kg	吨产品原料成本合计
MMA	20mL				
BPO	(w=0.1%)				

4.1.5 注意事项

(1) 胶塞必须用聚四氟乙烯膜或铝箔包裹，以防止在聚合反应过程中MMA蒸气将胶塞中的添加物（如防老剂等）溶出，影响聚合反应；塞子只需轻轻盖上，不要塞紧，以防因温度升高时，塞子爆冲。

(2) 浇灌时，可预先在试管中放入干花等装饰物，这样在聚合完后可把产品做成小饰物，但加入的装饰物一定要干燥以防产生气泡。

(3) 由于MMA单体密度只有0.94g·cm^{-3}，而聚合物密度为1.17g·cm^{-3}，聚合物比相应单体的密度大，因而在聚合反应过程中会发生体积收缩。因此在浇铸聚合时应注意控制预聚合的单体转化率。而且在后聚合过程中，若温度控制不好易导致收缩不均匀，使聚合物的光折射率不均匀以及产生局部皱纹，影响产品质量。

(4) 预聚合时要控制温度不能太高，防止发生爆聚。

(5) 灌模后要等温度降低后再放入烘箱继续反应。

(6) 本实验所用过氧化物类引发剂受到撞击、强烈研磨，极易燃烧、爆炸。取用时，盛放引发剂的容器要轻拿、轻放，每次用量要少，取用时洒落的，要及时收拾干净。

4.1.6 实验拓展与创新

（1）在预聚阶段有时会在聚合体系中加入少量邻苯二甲酸二丁酯，分析它可能的作用是什么？

（2）微波通常是指波长为1m至1mm，相应频率为0.3～300GHz的电磁波，工业用和家庭用微波装置最常用的加热频率是2450MHz，波长为12.2cm。微波辐照下对甲基丙烯酸甲酯进行聚合，4～10min可以完成反应，转化率大于90%，而传统的甲基丙烯酸甲酯进行本体聚合要达到相同的转化率需要3～5h。

4.1.7 思考题

（1）进行本体浇注聚合时，如果预聚阶段单体转化率偏低会产生什么后果？为什么要严格控制不同阶段的反应温度？

（2）也可不进行预聚合而达到同样的效果，请考虑可采取什么工艺条件？

（3）制品中的“气泡”、“裂纹”等是如何产生的？如何防止？

（4）本体聚合工艺中的关键是什么？采用什么措施来解决这些问题？

（5）工业上采用本体聚合的方法来制备有机玻璃有什么优点？

实验4.2 乙酸乙烯酯的溶液聚合

4.2.1 实验目的

（1）掌握乙酸乙烯酯溶液聚合的方法

（2）熟悉溶液聚合的原理和方法

（3）了解乙酸乙烯酯的溶液聚合过程中的安全注意事项

4.2.2 实验原理

溶液聚合是单体溶于适当溶剂中进行的聚合反应。根据聚合产物是否溶于溶剂可分为均相溶液聚合和沉淀溶液聚合。如果形成的聚合物溶于溶剂，属于均相溶液聚合，产品可做涂料或胶黏剂。如果聚合物不溶于溶剂，称为沉淀聚合或淤浆聚合，如生产固体聚合物需经沉淀、过滤、洗涤、干燥才成为成品。

溶液聚合体系的优点是黏度小，可避免局部过热，不易发生自动加速现象；而且由于浓度低，难于发生向高分子的链转移反应，所以支化产物少，产物分子量分布较窄；体系黏度较低，能消除凝胶效应。所以在实验室内作动力学研究，有其方便之处。选用链转移常数小的溶剂，容易建立稳态，便于找出聚合速率、分子量与单体浓度、引发剂浓度等参数之间的定量关系。

溶液聚合的缺点是溶剂回收麻烦，设备利用率低，聚合速率慢，分子量不高。

工业上，溶液聚合多用于聚合物溶液直接使用的场合，如涂料、胶黏剂、浸渍液、合成纤维纺丝液。

聚乙酸乙烯酯玻璃化温度较低，因而在室温下有较大的冷流性，不能用作塑料制品，但它具有能与多种材料，尤其是与纤维素物质（如木材、纸等）粘接的优良性能，被广泛用作涂料、胶黏剂、纸和织物整理剂等，如黏合木料的白胶水、粘接砖瓦的胶黏剂，透明胶纸带，砖石表面涂料，以及预先涂有聚乙酸乙烯酯的标签和信封、邮票等。乙酸乙烯酯和丙烯酸酯或乙烯的共聚物应用于粘接不易粘接的材料，如聚氯乙烯塑料等。此外，也作无纺布的胶黏剂。

4.2.3　实验仪器及药品

三口烧瓶（250mL），球形冷凝管，机械搅拌器，量筒（10mL、20mL、100mL），抽滤装置，温度计，恒温水浴；

乙酸乙烯酯，偶氮二异丁腈（AIBN），甲醇。

4.2.4　实验步骤

在装有搅拌器、冷凝管、温度计的250mL三口烧瓶中，分别加入50mL乙酸乙烯酯、10mL溶有0.21g AIBN的甲醇，开动搅拌，加热升温，将反应物逐步升温至（62±2)℃，反应约3h后，升温至（65±1)℃，继续反应0.5h后，冷却结束聚合反应。称取2～3g产物在烘箱中烘干，计算固含量与单体转化率。

实验相关的原料配方与原料成本核算见表4-2-1。

表4-2-1　原料配方与原料成本核算

原料名称	Ⅰ指定配方	Ⅱ自选配方	原料单价/万元·吨$^{-1}$	吨产品原料核算单耗/kg	吨产品原料成本合计
乙酸乙烯酯	50mL				
甲醇	30mL				
AIBN	0.21g				

4.2.5　注意事项

(1) 反应后期，聚合物极黏稠，搅拌阻力较大，可以加入少量甲醇。但如果反应过程中补加了甲醇，在反应停止时就应当少加同样量的甲醇。

(2) 乙酸乙烯酯，毒性低，大鼠经口LD_{50}为2920mg·kg^{-1}。有麻醉性和刺激作用，高浓度蒸气可引起鼻腔发炎、眼睛出现红点。皮肤长期接触有产生皮炎的可能。操作场所保持良好通风，操作人员应配备防护装具。皮肤接触后，立即用肥皂和水洗净并涂抹润肤剂。

(3) 甲醇，透明、无色、易燃、有毒的液体，略带酒精味，是假酒的主要成分，过多食用会导致失明，甚至死亡。

4.2.6　实验拓展与创新

(1) 利用已学过的有机化学知识，从乙炔如何制备乙酸乙烯酯？

(2) 聚乙酸乙烯酯也可用作聚乙烯醇和聚乙烯醇缩醛的原料，你如何设计实验来制备这两种聚合物？实验中需要注意什么？

4.2.7　思考题

(1) 溶液聚合反应的溶剂应如何选择？本实验采用甲醇作溶剂是基于何种考虑？

(2) 聚合过程中，哪些因素会导致聚合物支化度的增加？

(3) 降低反应温度及反应物浓度，可减少支化的发生，但聚合速度减慢，如何设计工艺条件，既可保证产品质量又能取得较快的聚合速率？

实验4.3　水溶性丙烯酸树脂的合成

4.3.1　实验目的

(1) 掌握溶液共聚制备水溶性丙烯酸树脂的方法

（2）熟悉自由基共聚的原理

（3）了解水溶性聚合物的基本知识和制备方法

4.3.2 实验原理

由两种或多种单体同时参与的聚合称为共聚，产物为多组分的共聚物。通过共聚可以改进聚合物的性能，增加聚合物品种，扩大应用范围。

共聚时不同单体各有其相对的活性，可以有不同的链增长过程。单体种类越多，反应越复杂。在设定的体系中单体的相对活性可用竞聚率 r 来表示，r 是均聚链增长速率常数与共聚链增长速率常数的比值。共聚物的组成与单体组成、单体活性或竞聚率、聚合转化率等因素有关。

在水中能够溶解或溶胀形成溶液或分散液的聚合物称为水溶性聚合物。自然界中存在着许多天然的水溶性聚合物，包括核酸、多肽和多糖。合成的水溶性高分子因其多样性、高效性以及合成的分子可设计性，成为了研究的热点。

水溶性丙烯酸树脂是一种重要的水溶性涂料。其常用的合成方法为：丙烯酸酯和含有不饱和双键的羧基、羟基、氨基、酰氨基等单体（如丙烯酸、甲基丙烯酸、顺丁烯二酸、亚甲基丁二酸等）在溶液中共聚成酸性聚合物，再用有机胺或氨水中和成盐而获得水溶性，然后加水稀释得到水溶液。此外，苯乙烯单体的引入有助于树脂性能的改善。中和成盐的丙烯酸树脂其水溶性并不很强，常常形成乳浊液或黏度很高的溶液，所以水溶性树脂必须加入一定比例的亲水性助溶剂来增加树脂的水溶性。因此水溶性树脂的制法一般是在助溶剂中进行聚合反应，水在成盐时加入。

水溶性丙烯酸树脂的组成如表 4-3-1 所示。

表 4-3-1 水溶性丙烯酸树脂的组成

组成		常用品种	作用
单体	基础单体	丙烯酸酯、甲基丙烯酸酯、苯乙烯	调整基础树脂的硬度、柔韧性、耐大气等物理性能
	官能单体	甲基丙烯酸羟乙酯(羟丙酯)、丙烯酸羟乙酯(羟丙酯)、甲基丙烯酸、丙烯酸、顺丁烯二酸酐等	提供亲水基团及水溶性并为树脂固化提供交联反应基团
中和剂		氨水、二甲基乙酸胺、乙醇胺、*N*-乙基吗啉、2-二甲基-2-甲基丙醇等	中和树脂上的羧基、成盐，提供树脂水溶性
助溶剂		乙二醇、乙醇、乙醚、乙二醇丁醚、丙二醇乙醚、异丙醇、丙二醇丁醚等	提供偶联效率及增溶作用，调整黏度、流平性等

4.3.3 实验仪器及药品

四口烧瓶（250mL），温度计（0～150℃），球形冷凝管，机械搅拌器，恒温水浴锅，恒压滴液漏斗，旋转黏度计；

丙烯酸，甲基丙烯酸甲酯，丙烯酸丁酯，丙烯酸羟丙酯，异丙醇，偶氮二异丁腈(AIBN)，氨水。

4.3.4 实验步骤

（1）将 250mL 四口烧瓶置于铁架上，装上温度计、回流冷凝管、机械搅拌器、恒压滴液漏斗及加热装置。

（2）在烧瓶中加入 40g 异丙醇和 1/3 体积的单体混合物，在搅拌下加热至回流(约 82.5℃)。

（3）加入1/3的引发剂，维持温度在85℃，反应15min后，缓慢滴加剩余单体和引发剂的混合物，约3h滴加完毕。

（4）升温至88℃，反应3h。降温至60℃，搅拌下滴加氨水至体系pH值在8～9。保温搅拌30min，出料。

表4-3-2为实验用参考配方，可根据理论知识自选配方，并列于表中。

表4-3-2　实验参考及自选配方

原料	Ⅰ指定配方	Ⅱ自选配方	原料单价/万元·吨$^{-1}$	吨产品原料核算单耗/kg	吨产品原料成本合计
甲基丙烯酸甲酯	15g				
丙烯酸丁酯	20g				
丙烯酸羟丙酯	8.0g				
丙烯酸	7.0g				
AIBN	0.75g				
异丙醇	50g				

（5）水稀释性能测试

称取10g产品，逐渐定量加入水，搅拌测黏度，作黏度-聚合物含量关系图，同时记录稀释过程中颜色、状态变化。

4.3.5　注意事项

（1）氨水具有挥发性和不稳定性，应密封保存在棕色或深色试剂瓶中，放置于冷暗处。浓氨水对呼吸道和皮肤有刺激作用，使用时需戴防化学品手套、防护眼镜，穿工作服。若与皮肤接触，立即用水冲洗至少15min，若有灼伤，就医治疗。若与眼睛接触，立即提起眼睑，用流动清水或生理盐水冲洗至少15min，或用3%硼酸溶液冲洗。立即就医。

（2）异丙醇属一级易燃液体，其蒸气与空气形成爆炸性混合物。应密封保存，置于阴凉、通风处，远离火源。

4.3.6　实验拓展与创新

（1）合成配方中单体的组成配比将直接影响产物的性能。请问在本实验中分别增大丙烯酸、甲基丙烯酸甲酯、丙烯酸丁酯的比例，会对产物的哪些性能产生影响？

（2）使用中和成盐法制备的水溶性丙烯酸树脂在生产和使用时会有少量的胺（氨）挥发出来，请问是否有其他方法制备水溶性丙烯酸树脂可以克服这一缺点。

4.3.7　思考题

（1）如何解释该聚合物在稀释过程中的黏度变化？

（2）引发剂用量过多或过少，对聚合物聚合反应有何影响？

（3）异丙醇在此处起何作用？用量多少会对聚合物聚合反应有何影响？

（4）偶氮二异丁腈及氨水在使用和存储时应注意哪些事项？

实验4.4　苯丙乳液的制备（乳液聚合）

4.4.1　实验目的

（1）掌握苯丙乳液的制备方法

（2）熟悉聚合物乳液理化指标性能测试方法

（3）熟悉乳液聚合的一般原理

4.4.2 实验原理

乳液聚合是指单体在乳化剂和搅拌的作用下，在水中分散成稳定的乳液状态进行的聚合反应。乳液聚合的优点有：①采用水作为分散介质，环保、安全，且反应生成的聚合物呈高度分散状态，体系黏度低，因而有利于传热、管道输送和连续生产。②产品乳液可直接使用，如水乳漆、胶黏剂、表面处理剂等。③由于乳液聚合的特点，可以同时提高聚合速率和产品分子量。由于以上优点，近年来乳液聚合技术发展很快，派生、发展了多种新技术、新方法。

乳液聚合体系主要有四大组分：单体、水、水溶性乳化剂和水溶性引发剂，其次还有pH调节剂、分子量调节剂等。常用单体有乙烯基类、丙烯酸酯类、二烯烃等，单体在水中的溶解度将影响聚合机理和产物性能。乳化剂是决定乳液稳定性的最主要因素，对反应速率、乳液黏度、胶粒尺寸等也有很主要的作用，传统乳液聚合主要选用阴离子型乳化剂，配合非离子型表面活性剂使用。引发剂多采用氧化-还原体系。

经典乳液聚合工艺将乳液聚合过程分为四个阶段。

（1）分散阶段：微量单体和乳化剂溶解于水中。大部分乳化剂形成胶束，单体增溶于胶束中，形成增溶胶束。大部分单体分散成液滴，表面吸附乳化剂而稳定。

（2）成核期或增速期：水溶性引发剂加入到体系中后，在水相中分解出初始自由基。自由基进入增溶胶束，引发单体而成核，继续聚合，形成单体-聚合物胶粒。胶束不断减少，胶粒不断增多，速率增加。单体液滴数不变，体积不断缩小。直至未成核胶束消失，成核期结束。

（3）恒速期：聚合体系中只有胶粒和液滴，胶粒数恒定，单体从液滴扩散入胶粒，保持其内单体浓度恒定，因此聚合速率恒定。直至单体液滴消失，聚合速率开始下降，此阶段结束。

（4）降速期：聚合体系中只有胶粒，胶粒数不变，但其内单体浓度下降，故聚合速率下降。最终形成聚合物粒子。

苯丙乳液是一种苯乙烯改性的丙烯酸酯系的共聚物乳液，用苯乙烯全部或部分代替苯丙乳液中的甲基丙烯酸甲酯而得。苯丙乳液作为一类重要的中间产品或原料其用途非常广泛，可用作水性防锈涂料、荧光材料、水性上光油、纸张黏合剂、建筑涂料等。

本实验使用丙烯酸、甲基丙烯酸甲酯、丙烯酸丁酯、苯乙烯作共聚单体，十二烷基磺酸钠和辛基酚聚氧乙烯醚为乳化剂，过硫酸钾为引发剂，碳酸氢钠为pH值调节剂，采用预乳化工艺进行乳液聚合，制备苯丙乳液。

4.4.3 实验仪器及药品

激光粒度仪，恒温水浴锅，旋转黏度计，机械搅拌器，恒压滴液漏斗，球形冷凝管，四口烧瓶（250mL），温度计（0～100℃），pH试纸；

辛基酚聚氧乙烯醚（OP-10），十二烷基磺酸钠（SDS），丙烯酸，甲基丙烯酸甲酯，丙烯酸丁酯，苯乙烯，过硫酸钾，碳酸氢钠，氨水，去离子水。

4.4.4 实验步骤

在实验配方的基础上，对去离子水用量进行总量控制，依次按照下列步骤完成配料及反应步骤。

(1) 在烧杯中加入水、单体和乳化剂，室温下搅拌乳化 1h。分别把碳酸氢钠和过硫酸钾配成溶液。将四口烧瓶置于铁架上，装上温度计、回流冷凝管、机械搅拌器、恒压滴液漏斗及加热装置。

(2) 在烧瓶中加入 1/3 的单体乳液，碳酸氢钠溶液，1/2 的引发剂。缓慢升温至放热反应开始，将温度控制在 80℃，缓慢滴加剩余单体乳液，3h 滴完，并每 30min 补加部分引发剂，单体乳液先于引发剂滴完。

(3) 滴加完毕后，升温至 90℃，保温 1h 后冷却，用氨水调节 pH 值至 8～9，出料。

表 4-4-1 为实验用参考配方，可根据理论知识自选配方，并列于表中。

表 4-4-1　实验参考及自选配方

原料	Ⅰ指定配方	Ⅱ自选配方	原料单价/万元・吨$^{-1}$	吨产品原料核算单耗/kg	吨产品原料成本合计
丙烯酸	1.5g				
甲基丙烯酸甲酯	3.5g				
丙烯酸丁酯	22.5g				
苯乙烯	22.5g				
SDS	1.0g				
OP-10	1.0g				
过硫酸钾	0.2g				
碳酸氢钠	0.1g				
去离子水	50g				

(4) 产品性能测试

① 凝聚率　将制得的微胶乳过滤，残留物用水洗净后在烘箱中 105℃下烘干至恒重，测其凝聚率。凝聚率＝(残留物质量/样品胶乳质量)×100％。

② 固含量　称取一定量的乳液放入已干燥至恒重的称量瓶中，在 105℃下用烘箱干燥至恒重（精确至 0.001g），固含量用质量百分数表示：固含量＝（干燥后乳液质量/干燥前乳液质量）×100％。

③ 黏度　用旋转黏度计测定。

④粒径　将乳液用去离子水稀释至（w＝0.1％）左右，然后用激光粒度仪测定其粒径大小和粒径分布。

4.4.5　注意事项

(1) 氨水使用注意事项参见实验 4.3 水溶性丙烯酸树脂的合成。

(2) 过硫酸钾为无机氧化剂，应避免与有机物、还原剂、易燃物接触或混合。

4.4.6　实验拓展与创新

上述常规乳液聚合产物的粒度较细，如需较大的粒径，可采用种子乳液聚合的方法。请查阅相关资料，制定苯丙乳液的种子聚合实验方案。

4.4.7　思考题

(1) 乳液聚合中为什么单体采用滴加方式？

(2) 如何在配方设计时，调节乳液的黏度、流动性？

(3) 乳胶粒的粒径、粒径分布与哪些因素有关，如何控制？

实验 4.5　乙酸乙烯酯的乳液聚合——白乳胶的制备

4.5.1　实验目的

（1）掌握实验室制备聚乙酸乙烯酯的方法

（2）熟悉掌握乳液聚合原理

4.5.2　实验原理

乳液聚合原理参见实验 4.4 苯丙乳液的制备（乳液聚合）。

聚乙酸乙烯酯（PVAc）是一种在涂料和胶黏剂等领域广泛使用的聚合物，尤其是它以乳液形式存在时，避免了大量溶剂挥发到环境中，是绿色环保产品。作为胶黏剂时，它对多孔性物质具有较强的黏合力，在木材加工、家具组装、建筑装潢、织物粘接、印刷装订和包装材料等方面得到广泛的应用。

本实验使用聚乙烯醇为乳液保护胶及乳化剂，辛基酚聚氧乙烯醚为复配乳化剂，碳酸氢钠为 pH 值调节剂，过硫酸铵为引发剂，引发乙酸乙烯酯单体进行乳液聚合，并使用邻苯二甲酸二丁酯作为增塑剂，制备聚乙酸乙烯酯乳液（俗称白乳胶）。

4.5.3　实验仪器及药品

激光粒度仪，恒温水浴锅，旋转黏度计，机械搅拌器，四口烧瓶（250mL），球形冷凝管，恒压滴液漏斗，温度计（0～100℃），pH 试纸；

辛基酚聚氧乙烯醚（OP-10），聚乙烯醇，邻苯二甲酸二丁酯，乙酸乙烯酯，过硫酸铵，碳酸氢钠，去离子水。

4.5.4　实验步骤

（1）向装有机械搅拌器、回流冷凝管、滴液漏斗和温度计的四口烧瓶中加入全部的聚乙烯醇和去离子水，升温至 90℃，搅拌至聚乙烯醇全部溶解。将过硫酸铵配置成（$w=10\%$）的水溶液。

（2）降温至 50℃以下，加入全部的 OP-10 和 1/3 单体，搅拌 30min，加入 1/2 的引发剂溶液，缓慢升温至75～80℃。

（3）缓慢滴加剩余单体，约 4h 滴完，并同时分次加入引发剂溶液，控制温度在 75～80℃。

（4）单体滴加完毕后，加入剩余引发剂溶液，升温至 90℃，反应 30min。

（5）降温至 50℃，加入邻苯二甲酸二丁酯，加入碳酸氢钠水溶液，调节 pH 值至 6～7，搅拌 30min，冷却出料。

表 4-5-1 为实验配方与原料成本核算，可根据理论知识自选配方，进行成本核算，并列于表中。

表 4-5-1　实验配方与原料成本核算

原料	Ⅰ指定配方	Ⅱ自选配方	原料单价/万元·吨$^{-1}$	吨产品原料核算单耗/kg	吨产品原料成本合计
乙酸乙烯酯	40g				
聚乙烯醇	5.0g				
OP-10	1.0g				
过硫酸铵	0.2g				
邻苯二甲酸二丁酯	5.0g				
去离子水	50g				

(6) 产品性能测试

①黏度　用旋转黏度计测定。

②固含量　称取一定量的乳液放入已干燥至恒重的称量瓶中，在105℃下用烘箱干燥至恒重（精确至0.001g），固含量用质量百分数表示：固含量=(干燥后乳液质量/干燥前乳液质量)×100%。

③粒径　将乳液用去离子水稀释至（$w=0.1\%$）左右，然后用激光粒度仪测定其粒径大小和粒径分布。

4.5.5　安全注意事项

(1) 升温过程中，当单体回流量较大时，应暂停升温或缓慢升温，因此时容易在气液界面处发生聚合，从而导致结块。

(2) 引发剂的加入应根据聚合温度的变化而定。当反应温度上升较快时，不加引发剂，当反应温度偏低时，应及时补加引发剂，保持聚合平稳进行。

4.5.6　实验拓展与创新

(1) 单组分PVAc乳液存在一些缺点，如胶膜抗蠕变性、耐寒性、耐湿性较差等，故各种改性方法不断出现。有机硅改性是在VAc乳液聚合过程中加入一定量的有机硅氧烷单体，请问此种方法可改善PVAc乳液的哪些性能，为什么？

(2) 为了改善PVAc乳液的性能，多种新型VAc乳液聚合工艺被开发出来。请查阅相关资料，设计VAc的无皂乳液聚合。

4.5.7　思考题

(1) 乳化剂主要有哪些类型？各自的结构特点是什么？对反应速率和产物分子量有何影响？

(2) 要保持乳液体系的稳定，可采取什么措施？

实验4.6　苯乙烯与丙烯腈共聚反应竞聚率的测定

4.6.1　实验目的

(1) 熟悉掌握共聚反应中竞聚率概念

(2) 熟悉充氮除氧聚合操作

(3) 了解用元素分析法或H NMR法测定苯乙烯与丙烯腈共聚物的组成

4.6.2　实验原理

本实验介绍一种简易的竞聚率测定方法。

竞聚率r_1和r_2为同系链增长反应速率常数与交叉链增长反应速率常数之比，是反映某一单体对共聚合行为的重要参数。竞聚率不仅与共聚物的组成及其分布密切相关，而且可根据它的数值大小估计某一单体对的共聚倾向。常见单体对的竞聚率均已被测定，可在有关手册或文献查到。对于新单体对的竞聚率，可通过实验测定。

共聚物组成微分方程为：$\dfrac{d[M_1]}{d[M_2]}=\dfrac{[M_1]}{[M_2]}\dfrac{r_1[M_1]+[M_2]}{r_2[M_2]+[M_1]}$

式中$d[M_1]/d[M_2]$为共聚物的瞬时组成比，即共聚物中两种单体单元的物质的量比；$[M_1]$、$[M_2]$为共聚体系中两单体的瞬时浓度。当低转化率（<10%）时，$[M_1]$、$[M_2]$

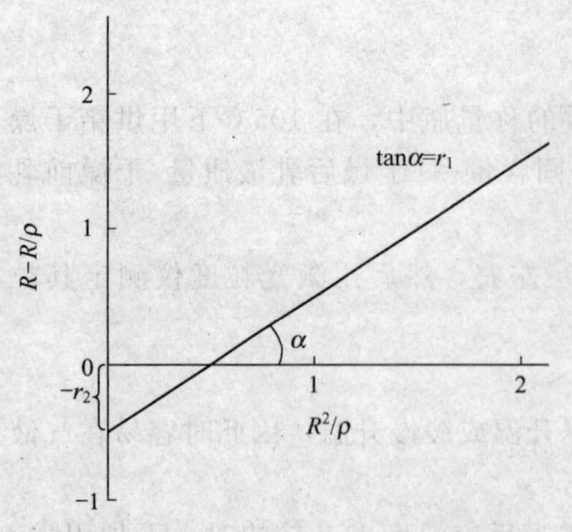

图 4-6-1　$(R-R/\rho)\sim R^2/\rho$ 关系曲线图

可近似地被认为是两种单体的起始浓度，此时分离出的共聚物的组成比就是 $d[M_1]/d[M_2]$。本实验中，M_1 为苯乙烯，M_2 为丙烯腈。

令：$\rho=\dfrac{d[M_1]}{d[M_2]}, R=\dfrac{[M_1]}{[M_2]}$；

则上述共聚方程可变为：

$$R-\frac{R}{\rho}=\frac{R^2}{\rho}r_1-r_2$$

测定数组 R 和 ρ 的值，以 $(R-R/\rho)$ 作纵坐标，R^2/ρ 作横坐标作图，可得到一条直线，其斜率为 r_1，而截距为 $-r_2$，如图 4-6-1 所示：

实验时，选取若干不同单体配比进行共聚合反应，控制单体转化率＜10%，然后将共聚物分离、精制，测定组成，作 $(R-R/\rho)$-R^2/ρ 图，便可求得 r_1 和 r_2 的值。

聚合物的组成可由元素分析、红外、紫外和核磁共振等测试手段分析而得。

4.6.3　实验仪器及药品

循环水真空泵，氮气钢瓶，恒温水浴，过滤器，磨口试管（25mL），磨口三通活塞，圆底烧瓶（50mL），注射器；

苯乙烯，丙烯腈，N,N-二甲基甲酰胺（DMF），过氧化苯甲酰（BPO），甲醇。

4.6.4　实验步骤

（1）用注射器往两个带有磨口三通活塞的圆底烧瓶中，分别加入 18mL 苯乙烯、6mL 丙烯腈，通过长针头通 N_2 鼓泡约 10min，以除去单体中的 O_2，关闭三通活塞，备用。

（2）分别在 4 支干燥的磨口三通活塞反应试管（见图 4-6-2）中加入 12.1mg 过氧化苯甲酰（为单体总物质的量的 0.1%），盖上磨口三通活塞。抽真空，通 N_2，重复两次。

图 4-6-2　带三通活塞反应管

表 4-6-1 为实验原料配方与原料成本核算用表，请自查资料填写。

表 4-6-1　原料配方与原料成本核算

原料	Ⅰ指定配方	Ⅱ自选配方	原料单价/万元·吨$^{-1}$	吨产品原料核算单耗/kg	吨产品原料成本合计
苯乙烯	18mL				
丙烯腈	6mL				
DMF	120mL				
BPO	48.4mg				
甲醇	1800mL				

在 N_2 保护下，用注射器分别加入给定量（见表 4-6-2）的已通 N_2 除了 O_2 的苯乙烯和丙烯腈，用绳子将三通塞与反应试管固定（防止聚合时三通塞脱落）。

表 4-6-2 苯乙烯-丙烯腈共聚合单体投料组成

样品号	BPO/mg	苯乙烯		丙烯腈	
		mL	mmol	mL	mmol
1	24.2	10.1	88	0.8	12
2	24.2	8.9	77	1.5	23
3	24.2	7.1	62	2.5	38
4	24.2	3.8	37	4.1	63

(3) 将以上 4 支反应管置于 60℃恒温水浴中，反应约 45～60min 后，取出聚合反应管冷却至室温，加入 10mL DMF 溶解稀释，再将其倒入盛有 150mL 甲醇的烧杯中将聚合物沉淀。过滤后，沉淀用 DMF 溶解，再用甲醇沉淀，如此溶解、沉淀反复两次，以达到对聚合物精制的目的。精制后的聚合物在 60℃下真空干燥，称重，计算转化率（转化率不应超过 10%，若超过，需重新设定聚合时间）。

(4) 共聚物组成 $d[M_1]/d[M_2]$测定：共聚物组成可通过元素分析或 H-NMR 法测定。

方法 1：元素分析法测定共聚物组成

通过元素分析测得共聚物中氮的质量分数为 $N\%$，则共聚物中丙烯腈单体单元的质量分数为（$N\%/14$）×53，那么苯乙烯单体单元的质量分数为 $1-(N\%/14)\times53$，这样共聚物组成比为：

$$\frac{d[M_1]}{d[M_2]}=\frac{1-(N\%/14)\times53}{(N\%/14)\times53}$$

式中，53、14 分别为丙烯腈单体单元的相对分子质量、氮的相对原子质量。

方法 2：H NMR 法测量共聚物组成

用 $CDCl_3$ 作溶剂，测定不同投料比下所得苯乙烯-丙烯腈共聚物 H NMR 谱图，由 δ 约为 7.0×10^{-6} 处苯乙烯单体单元上苯环氢的吸收峰面积 S_1 和 δ 约为 3.2×10^{-6} 处丙烯腈单体单元上与氰基相连的碳上氢的吸收峰面积 S_2，可计算出共聚物组成：$d[M_1]/d[M_2]=S_1/5S_2$。

(5) 数据处理

以 $R-R/\rho$ 作纵坐标，R^2/ρ 作横坐标作图，求出斜率、截距之值，并与手册上所查到的数据进行比较。见表 4-6-3 实验数据处理用表。

表 4-6-3 实验数据处理表

样品号	$R=[M_1]_0/[M_2]_0$	$\rho=d[M_1]/d[M_2]$	$R-R/\rho$	R^2/ρ
1				
2				
3				
4				

4.6.5 注意事项

(1) 三通活塞：它是一个带有 T 字形通孔的磨口三通活塞，转动活塞改变 T 字形通孔的位置，起着取气、排气或关闭的作用。

(2) 无氧操作应该特别注意：操作前，应熟悉氮气真空置换装置气路图和三通阀指向。

高纯氮气昂贵，注意实验中的开关操作。

4.6.6　实验拓展与创新

无氧操作有如下方法：在纯的惰性气体氛围中操作，手套操作箱；在惰性气体的气流保护下操作，使用施兰克（Schlenk）型容器；在全部真空系统中操作。

4.6.7　思考题

（1）用测定出的竞聚率 r_1 和 r_2，作出苯乙烯、丙烯腈共聚合反应的共聚物组成曲线，据此讨论该聚合反应的类型。并讨论该如何控制该共聚产物的组成分布。

（2）比较自己所得的竞聚率与手册中查得的有何区别，为什么会有这种差别，分析一下原因。

实验 4.7　苯乙烯与马来酸酐的交替共聚

4.7.1　实验目的

（1）掌握交替共聚的理论与特点

（2）了解交替共聚合的方法

（3）了解苯乙烯与马来酸酐共聚合的工业用途

4.7.2　实验原理

交替共聚是指两种单体 M_1 和 M_2 以等分子进入共聚物，并沿着高分子链呈交替排列的共聚合。这类共聚的特征是竞聚率 $r_1=r_2=0$，因此不管原料单体的组成如何，在共聚物组成中 M_1 单体所占的分子分数 F_1 总是等于 0.5，共聚物中两种单体单元严格地呈交替排列。

在进行交替共聚的单体中，有的单体均聚倾向很小或根本不均聚。例如具有吸电子基团的马来酸酐就不均聚，但它能与具有给电子基团的单体（如苯乙烯）进行交替共聚。所以交替效应实质上反映了单体之间的极性效应。例如苯乙烯和马来酸酐的交替共聚，是由于有给电子取代基的苯乙烯与有吸电子取代基的马来酸酐之间发生电荷转移而生成电荷转移络合物的结果。

取代基吸电子能力不够强的单体（如丙烯腈或甲基丙烯酸甲酯）与苯乙烯之间只能进行无规共聚；但是如果加入氯化锌，则它能与丙烯腈或甲基丙烯酸甲酯络合，使这两种单体的取代基的吸电子能力增强，它们都可以与苯乙烯形成 1∶1 的电荷转移络合物，并得到交替共聚物。

还有不少共聚体系的 r_1 和 r_2 都远小于 1，r_1、r_2 之积也就很小，这些共聚体系也有较明显的交替共聚倾向。

从 r_1、r_2 之积的值来看，一般是极性差别越大的单体，它们交替共聚的倾向也越大，但有时空间因素在决定交替共聚的倾向时也起作用。

交替共聚能够合成共聚物组成和单体单元序列分布都非常均匀的产物，这种有规则的交替序列往往给共聚物带来一些特殊的性能，这也是人们为什么重视这类聚合反应的原因。另外，这类共聚反应只能合成两种单体为等物质的量的共聚物，但其组成不能任意选择，这是这类共聚体系固有的弱点。

苯乙烯-马来酸酐共聚物（SMA）的优点：提高了聚苯乙烯的耐热温度，而且成本比较低，塑料的刚性大，可用橡胶改性，容易用填料如玻璃纤维增强。

4.7.3 实验仪器及药品

恒温水浴锅，机械搅拌器，抽滤装置，球形冷凝管，三口烧瓶（250mL）；

偶氮二异丁腈（AIBN），马来酸酐，甲苯，苯乙烯。

4.7.4 实验步骤

表 4-7-1 为实验原料配方与原料成本核算用表，请自查资料填写。

表 4-7-1 原料配方与原料成本核算

原料	Ⅰ指定配方	Ⅱ自选配方	原料单价/万元·吨$^{-1}$	吨产品原料核算单耗/kg	吨产品原料成本合计
甲苯	75mL				
苯乙烯	2.9mL				
马来酸酐	2.5g				
AIBN	5.0mg				

（1）在装有冷凝管、温度计与搅拌器的三口烧瓶中分别加入 75mL 甲苯、2.9mL 新蒸苯乙烯、2.5g 马来酸酐及 5.0mg AIBN，将反应混合物在室温下搅拌至反应物全部溶解成透明溶液，保持搅拌，将反应混合物加热升温至 85～90℃，可观察到有苯乙烯-马来酸酐共聚物沉淀生成，反应 1h 后停止加热，反应混合物冷却至室温后抽滤，所得白色粉末在 60℃ 下真空干燥后，称重，计算产率。

（2）比较聚苯乙烯与苯乙烯-马来酸酐共聚物的红外光谱。

4.7.5 注意事项

甲苯、苯乙烯等药品有毒，不能用鼻子直接嗅闻。并且在使用后，应该及时地把瓶盖盖上，防止挥发或打翻。

4.7.6 实验拓展与创新

（1）如何用化学分析法和仪器分析法确定苯乙烯-马来酸酐共聚物的结构？

（2）如果苯乙烯和马来酸酐不是等物质的量投料，如何计算产率？

4.7.7 思考题

（1）试推断以下单体对进行自由基共聚合时，何者容易得到交替共聚物？为什么？①丙烯酰胺-丙烯腈；②乙烯-丙烯酸甲酯；③三氟氯乙烯-乙基乙烯基醚。

（2）马来酸酐自身很难聚合，但与苯乙烯共聚很容易，为什么？其共聚物结构如何？

（3）比较溶液聚合和沉淀聚合的优缺点。

（4）*Q-e* 的概念以及如何用各种单体的 *Q-e* 值来判断相互间能否发生共聚反应？

实验 4.8 中孔球形聚苯乙烯强酸性离子交换树脂的合成工艺

4.8.1 实验目的

（1）掌握苯乙烯悬浮聚合反应合成树脂的方法原理和工艺技术

（2）掌握球形树脂和致孔剂的形成原理和作用

（3）了解中孔球形树脂的设计原理和制备技术

（4）了解离子交换树脂的交换容量及其测定方法

4.8.2 实验原理

不溶于水的烯烃单体以球形小液滴形态分散在水中，进行聚合反应，称为悬浮聚合。聚合体系主要有四个组分：烯烃单体、水、分散剂、引发剂。一般控制油水比例（体积比）在1.1～1.3之间，实验室中可以更大一些比例。单体相在搅拌的剪切力作用下分散成微小球体，粒径大小主要受控于搅拌速度，悬浮聚合物的一般粒径在0.01～5mm之间，常取0.05～1.5mm。由于两相间的表面张力可使液滴黏结，必须加入分散剂以降低表面张力，保护液滴，使形成的液滴有比较高的稳定性。分散剂可用聚乙烯醇、明胶或聚丙烯酸等高分子或不溶于水的无机盐，如碳酸钙、硫酸钡等。

为了获得中空的聚合物球体，需在单体混入不参与聚合反应的可挥发性有机溶剂，在聚合反应结束后，通过蒸馏过程蒸出回收有机溶剂，聚合物球体中间留下空洞。中空聚合物球体的孔径大小受控于有机溶剂的使用量。有机溶剂被称为致孔剂，常用石油醚、轻汽油等。

为了提高聚苯乙烯球体的力学强度，在聚苯乙烯单体中常混入二乙烯苯，作为聚苯乙烯链的交联剂，二乙烯苯的使用量在8%～15%。

分散在水中的苯乙烯聚合反应实质上还是本体聚合反应过程，符合本体聚合反应的规律特征。常采用自由集聚合过程，使用的引发剂一般过氧化苯甲酰，过氧化苯甲酰的使用量控制在$w=0.1\%\sim3\%$。

中空的交联聚苯乙烯小球分散在二氯乙烷中，促使其进一步膨胀，使用浓硫酸作为磺化剂，完成对苯环的磺化反应。

4.8.3 实验仪器及药品

电热套，机械搅拌机，三口烧瓶（250mL），温度计（0～150℃），玻璃砂芯漏斗；

苯乙烯，二乙烯苯（$w=40\%$），过氧化苯甲酰，200#汽油，明胶，蒸馏水，二氯乙烷，浓硫酸，玻璃棉。

4.8.4 实验步骤

（1）悬浮法制备聚苯乙烯小球

依照实验配方（见表4-8-1原料配方与原料成本核算）中原料用量，依次在250mL三口瓶中加入蒸馏水和明胶，在良好的搅拌下，升温至40℃溶解后停止搅拌。将事先在小烧杯中混合好的溶有新蒸苯乙烯、二乙烯苯、过氧化苯甲酰和200#汽油的混合液倒入三口瓶中，再开动搅拌。开始转速要慢，待单体全部散开后，调整搅拌速度，使有机相的液珠颗粒大小均匀分散在1～2mm。珠滴大小合格后，以1～2℃·min^{-1}的速度升温到70℃，维持此温度1h。再升温至85～87℃继续反应1h。待树脂颗粒定型后升温到95℃，继续反应2h。冷却后过滤出聚苯乙烯小球，用水洗涤至水无色。将聚苯乙烯小球置入反应瓶中，加入100mL水，搅拌下热煮2h至汽雾中无汽油味逸出为止。冷却后过滤出聚苯乙烯小球。把小球转移至瓷盘内，60℃下干燥3h，称重。

表4-8-1为实验指定及自选配方和原料成本核算用表，请自查资料填写。

（2）聚苯乙烯小球的磺化

在反应瓶中，加入上面制得的聚苯乙烯小球15g和二氯乙烷20g，室温搅拌溶胀10min后，加入浓硫酸100g，开动搅拌，继而用油浴加热，1h内升温到70℃，维持此温度1h后再升温至80℃，在此温度下继续反应5h。然后改为蒸馏装置，蒸出回收二氯乙烷后，冷却至室温，用玻璃砂芯漏斗过滤出磺化的聚苯乙烯小球，水洗涤5～6次。备用。

表 4-8-1 原料配方与原料成本核算

原料	Ⅰ指定配方	Ⅱ自选配方	原料单价/万元·吨$^{-1}$	吨产品原料核算单耗/kg	吨产品原料成本合计
新蒸苯乙烯	15g				
二乙烯苯	3.2g				
过氧化苯甲酰	0.2g				
200# 汽油	16g				
明胶	0.5g				
蒸馏水	90g				
二氯乙烷	20g				
浓硫酸	100g				

(3) 性能测试

依照 GB 5475—85 测试外观、依照 GB 5476—85 测试颜色、依照 GB 5758—86 测试颗粒径分布、依照 GB/T 8144—87 测试交换容量。

4.8.5 注意事项

(1) 在悬浮聚合中，影响颗粒大小的因素主要有三个，即分散介质（一般为水）、分散剂和搅拌速度。在实验过程中，当水与分散剂的量选定后，只有通过搅拌才能把单体分散开，所以调整好搅拌速度是制备粒度均匀的珠状聚合物的关键。离子交换树脂对颗粒度的要求尤其高，因此必须严格控制搅拌速度。

(2) 在制备聚苯乙烯小球的过程中，当温度升高到 85～87℃反应 1h 这段时间内，应避免改变搅拌速度或停止搅拌，以防止小球不均匀或发生黏结。

4.8.6 实验拓展与创新

以浓硫酸为磺化剂的反应通常需要过量硫酸才能反应完全，反应生成的水对磺化作用有负面影响，且反应时间较长，反应温度较高，后处理工作量较大。目前，较为先进的方法是采用氯磺酸磺化聚苯乙烯-二乙烯基苯树脂。氯磺酸可以看作是 $SO_3 \cdot HCl$ 的络合物，它易溶于氯仿、四氯化碳，采用氯磺酸作磺化剂反应能力强，生成的 HCl 易于排出，有利于反应进行完全。

典型的磺化工艺：在三口烧瓶中加入 20g 干燥聚苯乙烯-二乙烯基苯微球，CCl_4 溶胀 3h 后，搅拌下加入一定量的氯磺酸，60℃下反应结束后，依次用乙醇和水洗至中性，用水浸泡过夜。次日，用水洗至中性，用甲醇洗滤 5 次，真空干燥至恒重。可分组考察磺化剂用量、磺化时间、溶剂用量等因素对反应的影响。

4.8.7 思考题

(1) 如果使用沸点低于聚合反应温度的致孔剂，将会制得何状产品？

(2) 引发剂用量过多或过少，对聚合物聚合反应有何影响？

(3) 明胶在此处起何作用？用量多与少对聚合物聚合反应各有何影响？

(4) 磺化反应温度高于 130℃，对所得产品的离子交换容量有何影响？

第 2 章　离子聚合

实验 4.9　苯乙烯的阴离子聚合

4.9.1　实验目的

（1）掌握阴离子聚合引发剂正丁基锂的制备和分析方法

（2）掌握苯乙烯阴离子聚合的配方和操作要点

4.9.2　实验原理

正丁基锂是用金属锂与氯代正丁烷在非极性溶剂中反应制得。纯正丁基锂非常活泼，在空气中自燃，遇水则分解，所以一般制备成10%的苯或烷烃（正庚烷）的溶液，密闭保存。

正丁基锂是强碱性物质，可引发具有吸电子基的烯类单体及共轭烯烃单体进行阴离子聚合，活性高，反应速度快，转化率几乎可达100%，而且还具有定向作用，能够在一定程度上控制大分子链的立构规整性，是一种常用的阴离子聚合引发剂。其引发机理为：

链引发：

$$C_4H_9Li + \underset{C_6H_5}{\underset{|}{CH_2{=}CH}} \longrightarrow C_4H_9{-}CH_2{-}\underset{C_6H_5}{\underset{|}{CH^{\ominus}}}\ Li^{\oplus}$$

链增长：

$$C_4H_9{-}CH_2{-}\underset{C_6H_5}{\underset{|}{CH^{\ominus}}}\ Li^{\oplus} + n\,\underset{C_6H_5}{\underset{|}{CH_2{=}CH}} \longrightarrow C_4H_9{+}CH_2{-}\underset{C_6H_5}{\underset{|}{CH}}{+}_n CH_2{-}\underset{C_6H_5}{\underset{|}{CH^{\ominus}}}\ Li^{\oplus}$$

链终止：

$$C_4H_9{+}CH_2{-}\underset{C_6H_5}{\underset{|}{CH}}{+}_n CH_2{-}\underset{C_6H_5}{\underset{|}{CH^{\ominus}}}\ Li^{\oplus} + CH_3OH \longrightarrow C_4H_9{+}CH_2{-}\underset{C_6H_5}{\underset{|}{CH}}{+}_n CH_2{-}\underset{C_6H_5}{\underset{|}{CH_2}} + CH_3OLi$$

链引发速度比链增长要快得多，因此体系中所有聚合物链的增长几乎同时开始。如果体系中无杂质和终止剂，聚合将一直进行到单体耗尽，而不终止，始终保持活性，因此这种聚合物称为“活性聚合物”，当再加入新单体时，分子量将继续增加，若向体系中分批加入不同种类的单体，可制得嵌段共聚物。

离子型聚合反应，对聚合反应条件极为敏感，对于试剂的纯度和干燥程度要求都很严格。为了更好地控制反应，通常在低温和惰性溶剂中并在 N_2 保护下进行反应。

4.9.3　实验仪器及药品

磁力搅拌器，高纯氮气钢瓶，干燥球，球形冷凝管，滴液漏斗，三口烧瓶（250mL），锥形瓶（250mL）；

乙醚，正庚烷，金属锂，无水氯代正丁烷，甲醇。

4.9.4 实验步骤

(1) 正丁基锂的制备

按图 4-9-1 装好仪器后，对整套仪器进行除水除氧处理，即在火烤下反复抽真空、充氮气三次，然后在氮气保护下（反应始终在氮气保护下进行）冷却。在氮气保护下，在反应瓶中加入 35mL 无水正庚烷和 4g 金属锂（切成小粒），加热至 60℃，在搅拌下从滴液漏斗中滴加 30mL 无水氯代正庚烷及 15mL 无水庚烷的混合液，控制滴加速度，使回流不要太快，约 20min 内滴加完毕，随后将油浴温度升高至 100～110℃，继续搅拌回流 2～3h，可观察到溶液逐渐变浑浊，最后呈灰白色。反应结束后，冷却至室温静置，使反应生成的 LiCl 沉淀，用注射器将上层清液转移至经严格除水、除氧处理的带磨口二通活塞的 100mL 锥形瓶中。在氮气保护下存放备用。

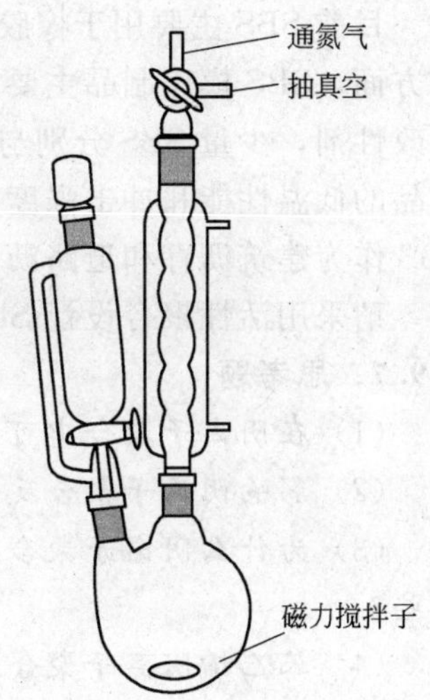

图 4-9-1 制备正丁基锂反应装置图

(2) 苯乙烯的阴离子聚合

取两个洁净、干燥的试管，向其中通高纯氮气 3～5min，取出通氮管，迅速盖上翻口塞，再用注射器尽量抽出试管中的气体，用注射器向试管中各加 2mL 无水苯乙烯和 4mL 苯。

先用高纯 N_2 冲洗带长针头的 1mL 注射器两次，然后在装有正丁基锂的锥形瓶中取出 1mL 正丁基锂溶液，慢慢滴加至试管中，摇动。当发现出现的微黄色不再褪掉时，立即停止滴加，记下滴加溶液的毫升数。然后再分别准确向两试管中注入 0.3mL 和 0.5mL 正丁基锂溶液，若反应激烈，可用冷水浴稍加冷却，此时体系出现红色，放置 0.5h。

将试管中的聚合物分别倒入 60mL 甲醇中沉淀，1h 后将析出的聚合物过滤，洗涤，真空干燥，称重，计算产率。

4.9.5 注意事项

(1) 阴离子聚合反应必须保证所用仪器和试剂均绝对纯净和干燥。为此，在安装好已经充分洁净的各种仪器以后，必须用高纯氮气从整个体系中将其中的空气置换出来，这个过程必须持续 30min 以上。这是实验成败的关键；

(2) 在实验之前必须熟悉真空氮气置换系统；

(3) 金属锂遇水容易燃烧，处理时需特别小心。

4.9.6 实验拓展与创新

苯乙烯-丁二烯-苯乙烯嵌段共聚物（SBS）是苯乙烯类热塑性弹性体中产量最大、成本最低、应用较广的一个品种，是以苯乙烯、丁二烯为单体的三嵌段共聚物，兼有塑料和橡胶的特性，被称为“第三代合成橡胶”。与丁苯橡胶相似，SBS 可以和水、弱酸、碱等接触，具有优良的拉伸强度，表面摩擦系数大，低温性能好，电性能优良，加工性能好等特性，成为目前消费量最大的热塑性弹性体。

SBS 在加工应用拥有热固性橡胶无法比拟的优势：(1) 可用热塑性塑料加工设备进行加工成型，如挤压、注射、吹塑等，成型速度比传统硫化橡胶工艺快；(2) 不需硫化，可省去一般热固性橡胶加工过程中的硫化工序，因而设备投资少，生产能耗低、工艺简单，加工周期短，生产效率高，加工费用低；(3) 边角余料可多次回收利用，节省资源，有利于环境保护。

目前SBS主要用于橡胶制品、树脂改性剂、胶黏剂和沥青改性剂四大领域。在橡胶制品方面，SBS模压制品主要用于制鞋（鞋底）工业，挤出制品主要用于胶管和胶带；作为树脂改性剂，少量SBS分别与聚丙烯（PP）、聚乙烯（PE）、聚苯乙烯（PS）共混可明显改善制品的低温性能和冲击强度；SBS作为胶黏剂具有高固体物质含量、快干、耐低温的特点；SBS作为建筑沥青和道路沥青的改性剂可明显改进沥青的耐候性和耐负载性能。

请采用活性聚合设计SBS三嵌段共聚物的合成路线，并指出实验过程中的注意点。

4.9.7 思考题

(1) 在阴离子聚合中可否用乙醇作聚合溶剂？为什么？

(2) 影响阴离子聚合反应成功的关键因素是什么？

(3) 为什么阴离子聚合产物的分子量分布都很窄？影响产物分子量分布变宽的因素有哪些？

(4) 苯乙烯阴离子聚合速率比其自由基聚合速率快得多，为什么？

实验4.10 四氢呋喃阳离子开环聚合

4.10.1 实验目的

(1) 了解离子型开环聚合的原理

(2) 掌握开环聚合的实验方法

4.10.2 实验原理

环醚类单体环内有极性的C—O键，可以进行阳离子开环聚合。环醚类单体的活性与环的大小、环上取代基的性质和位置、开环产物的稳定性、引发剂的种类、单体的浓度等有关。环醚类单体阳离子开环聚合的引发剂主要有质子酸（如三氟甲磺酸、高氯酸等）、Lewis酸（如$BF_3 \cdot OEt_2$、$SnCl_4$等）、能生成C^+的引发体系。在用路易斯酸做催化剂时，常常要添加少量水、卤代烷等助催化剂，才显示催化活性。但是，水又能终止增长链，故除了作为助催化剂而加入的必要的微量水外，聚合体系应严格防止水的渗入，聚合常在干燥氮气保护下进行。

四氢呋喃的聚合活性较低，用一般的引发剂引发只能得到相对分子质量为几千的聚合物。并伴有低聚物的生成，而且聚合速率较低。以往增加四氢呋喃聚合速率的方法是在体系中加入一些活性较大的三元环醚作为促进剂，如环氧乙烷、环氧丙烷、环氧氯丙烷等。引发剂和环氧氯丙烷反应，生成更活泼的鎓阳离子，进而引发活性小的四氢呋喃单体聚合。

$$HClO_4 + \underset{O}{\triangle}\!\!-CH_2Cl \longrightarrow Cl-CH_2-\underset{\underset{H}{|}}{\overset{\oplus}{O}}\!\triangle \;\; {}^{\ominus}ClO_4$$

$$\xrightarrow{THF} HO-CH_2-\underset{\underset{CH_2Cl}{|}}{CH}-\overset{\oplus}{O}\bigcirc \;\; {}^{\ominus}ClO_4 \quad \text{or} \quad Cl-CH_2-\underset{\underset{OH}{|}}{CH}-CH_2-\overset{\oplus}{O}\bigcirc \;\; {}^{\ominus}ClO_4$$

目前国际化工业生产聚四氢呋喃所采用的催化体系，主要有均相和非均相两大类。前者主要有三种：醋酸酐-高氯酸法、氟磺酸法和硫酸法。这三种方法虽有多处改进，但都存在腐蚀设备、“三废”污染严重等问题。而且催化剂多被破坏，无法回收利用，生产成本较高。非均相催化体系的催化剂可重复使用，适用于连续化生产，产品质量相对高。其中杂多酸作为一种固体酸催化剂具有腐蚀性小、产物后处理容易、催化剂完全回收利用等优点而受到特别重视。

两端带有羟基的聚四氢呋喃属于聚醚二醇，到目前为止，聚四氢呋喃主要用做预聚体来合成聚氨酯和热塑性聚酯聚酰胺弹性体。作为预聚体，要求PTHF的相对分子质量为500～3000，分子链末端为羟基，而相对分子质量超过5000的聚四氢呋喃尚无明显的商业应用。同时，预聚体的相对分子质量分布对最终合成产物的性能具有重要的影响。四氢呋喃与环氧丙烷共聚，可以改变聚氨酯软段的性能，制备出符合性能要求的聚氨酯。

由于阳离子聚合动力学的特殊性，引发和增长活化能很低，而相应的终止或转移活化能较高，聚合速率即平均聚合度的总活化能可能为负值。因此，降低聚合温度，可以在提高产物分子量的同时提高聚合速率。对于四氢呋喃开环聚合之类的平衡反应，还可以促进反应趋于完成。

4.10.3 实验仪器及药品

四氢呋喃（THF），分子筛（3A，4A），高氯酸，乙酸酐，环氧氯丙烷（ECH），碳酸钠；

四口烧瓶（250mL），恒压滴液漏斗，机械搅拌器，真空干燥箱。

4.10.4 实验步骤

（1）四氢呋喃预先用3A或4A分子筛脱水一周。

（2）乙酸酐催化制备聚四氢呋喃二醇

将纯化后的THF 45g和高氯酸0.4g于反应瓶中冷至0℃，控制温度于8℃以下反应，缓慢滴加乙酸酐6.39g，再于30min内滴加完ECH 2.25g，反应4～5h，加入100mL水，升温蒸出未反应的THF，控制温度至93℃，再加入50mL水煮沸90min，冷却，将水分离，并以碳酸钠水溶液洗涤数次。产物在减压下加热脱水，再于真空干燥箱中干燥得无色透明黏稠液，分子量较大的，放置后为白色蜡状物。

4.10.5 注意事项

由于离子聚合反应条件苛刻，要求无水、无活泼氢、无亲核试剂等杂质，所以使用前需纯化。四氢呋喃沸点67℃，折射率1.405，相对密度0.8892。四氢呋喃与水能混溶，并常含有少量水分及过氧化物。简易除水方法可按实验步骤（1）进行。如要制得无水四氢呋喃，可用氢化铝锂（或金属钠）在隔绝潮气下回流（通常1000mL约需2～4g氢化铝锂）除去其中的水和过氧化物，然后蒸馏，收集66℃的馏分蒸馏时不要蒸干，将剩余少量残液即倒出。精制后的液体加入钠丝并应在氮气氛中保存。处理四氢呋喃时，应先用小量进行试验，在确定其中只有少量水和过氧化物，作用不致过于激烈时，方可进行纯化。四氢呋喃中的过氧化物可用酸化的碘化钾溶液来检验。如过氧化物较多，应另行处理为宜。

4.10.6 实验拓展与创新

若要得到高分子量的聚丁二醇，你认为可采取哪些措施？

4.10.7 思考题

（1）阳离子聚合为什么一般在低温下进行？提高聚合温度对THF聚合有何影响？

（2）水对聚合有什么影响？为什么体系和试剂都要保持干燥，但又可以允许有少量空气中的水汽存在？聚合结束加水又有何作用？

第3章 缩聚反应

实验 4.11 涤纶的合成及熔融纺丝

4.11.1 实验目的

(1) 掌握涤纶的合成原理

(2) 熟悉熔融缩聚的方法和特点

4.11.2 实验原理

聚对苯二甲酸乙二酯（PET），即涤纶，常温下具有优良的机械性能和耐磨性能，耐酸碱及多种有机溶剂，吸水性小，电绝缘性好。涤纶除可用作纺织品外，还可作帘子线、化工滤布、电影胶片、录音磁带的片基、光盘基材、耐热绝热漆、轴承、齿轮等。

工业上制造涤纶的方法主要有三种，分别为直接酯化法、酯交换法和环氧乙烷法，本实验采取酯交换法。其原理如下：

$$\underset{\text{DMT}}{H_3COOC-C_6H_4-COOCH_3} + 2HO\text{/\textbackslash/}OH \xrightarrow{Zn(OAc)_2}$$

$$\underset{\text{BHET}}{HOH_2CH_2COOC-C_6H_4-COOCH_2CH_2OH} + 2CH_3OH$$

$$n\text{BHET} \xrightarrow[<530\text{Pa},\,270\sim275^\circ\text{C}]{Sb_2O_3} HOH_2CH_2CO{+}\overset{O}{\overset{\|}{C}}-C_6H_4-\overset{O}{\overset{\|}{C}}OCH_2CH_2O{+}_nH + (n-1)HOCH_2CH_2OH$$

4.11.3 实验仪器及药品

真空泵，反应器，加热套，电动搅拌器，温度计，冷凝管，刻度接收器，三通活塞；对苯二甲酸二甲酯（DMT），乙二醇，乙酸锌［$Zn(OAc)_2$］，三氧化二锑（Sb_2O_3）。

4.11.4 实验步骤

(1) 酯交换反应

按图 4-11-1 装好仪器，检查系统是否漏气，要求系统余压不超过 530Pa 才可投料。依次将 DMT、$Zn(OAc)_2$ 和 Sb_2O_3 加入反应管内，再用移液管把乙二醇沿搅拌棒加入反应管，装好仪器后抽真空，通氮气，重复操作三次，以排除体系中的空气。除氧操作完成后，将三通活塞接通乙二醇液封并保持通氮气。整个反应过程在氮气保护下进行，氮气流速控制在约 2～3 个气泡/秒（由乙二醇液封观察）。当温度高于 100℃时减小流速，以免将升华的 DMT 带出反应系统。冷凝管通水后，开始加热，当反应系统内温度达约 140℃时，反应物开始熔化，可开动搅拌，并逐步提高搅拌速度，迅速升温至 165～170℃，当冷凝管口有液体滴出时，表明酯交换反应开始，继续提高温度至 190～194℃，保持在此温度下反应至数分钟内无液体滴出，表明酯交换反应结束，酯交换反应时间约为 1.5h。记下蒸出甲醇体积，取出刻度管，倾去甲醇后重新装上。

(2) 缩聚反应

将反应温度升至 240℃，此时又有液体蒸出，待液体蒸出速度减慢后，将反应温度逐步提高至 270～275℃，停止通氮，先在低真空下进行反应，随着液体蒸出速度的减慢，逐步提高真空度，直至高真空（余压<530Pa）。高真空反应至数分钟内没有液体蒸出时为止。缩聚反应的时间约为 1.5h，记下蒸出液体的体积，停止搅拌 10min，准备抽丝。

(3) 抽丝（纺丝）

停止抽真空，通氮气保持系统正压，反应管温度维持在 270～275℃。数分钟后，将反应管底部的尖端夹断，若无熔体流出，可用酒精灯适当加热反应管尖端，待熔体流出成丝后，将丝引至转动着的抽丝卷筒上进行抽丝。

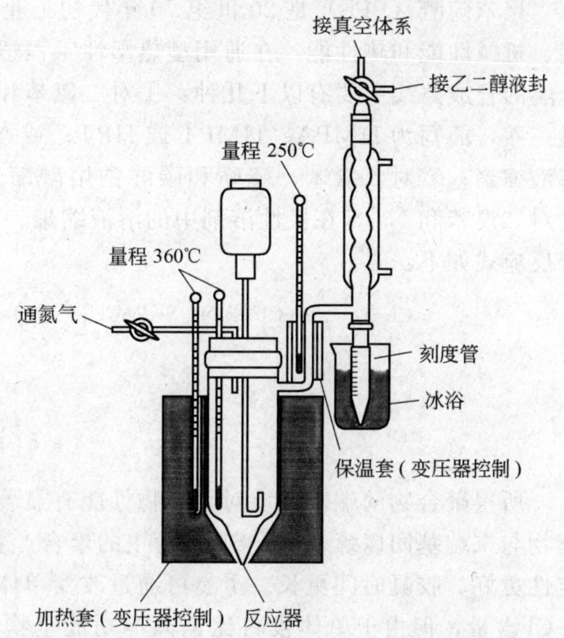

图 4-11-1 熔融缩聚装置图

4.11.5 注意事项

(1) 乙二醇非常易吸湿，也可能含有高级二醇。用 CaO、$CaSO_4$ 或 NaOH 干燥，减压蒸馏。进一步干燥：与 Na 在 N_2 氛围下反应，回流数小时，蒸馏，然后将馏出物通过 4A 分子筛柱，最后用更多分子筛在 N_2 氛围下分馏。

(2) 对苯二甲酸二甲酯从甲醇中重结晶，在真空下干燥（熔点 141～142℃）。

4.11.6 实验拓展与创新

对苯二甲酸提纯技术解决后，生产涤纶的方法得以扩展。如直接酯化法，通常将 1∶1.3～1∶1.8（物质的量比）的对苯二甲酸（TPA）与乙二醇配成浆状物，加入酯化反应器中，在催化剂存在下，加压或常压下，于 220～240℃直接酯化，生成对苯二甲酸双乙酯(BHET)，再在高温、高真空条件下缩聚。另外还有环氧乙烷法，即先由 TPA 和环氧乙烷反应得到 BHET，再缩聚得到聚合物。通常在该方法中，环氧乙烷需过量较多，反应温度为 100～130℃，反应压力为 1.96～2.94MPa，使用的催化剂通常为脂肪胺或季铵盐。

4.11.7 思考题

(1) 用蒸出的甲醇量计算酯交换反应的转化率。

(2) 用蒸出的乙二醇量计算缩聚反应的反应程度并推算聚合产物的数均聚合度。

(3) 为什么熔融聚合不是反应一开始就在真空条件下进行，而是逐步由常压到低真空再到高真空？

实验 4.12 聚苯硫醚的合成

4.12.1 实验目的

(1) 掌握聚苯硫醚的合成原理

（2）掌握溶液缩聚的方法和特点

4.12.2 实验原理

聚苯硫醚（PPS）是20世纪70年代初工业化的一种耐热工程塑料，具有优异的化学性能、机械性能和热性能，在通用型热塑性工程塑料以及特种涂料等方面有着重要的应用。聚苯醚的合成路线主要有以下几种：①对二氯苯和无水硫化钠在强极性有机溶剂（如六甲基磷酰三胺，简写为HMPA、HMPT或HPT；或*N*-甲基吡咯烷酮，简写为NMP）中进行高温溶液缩聚；②对二氯苯、硫磺和碳酸钠熔融缩聚；③苯硫酚的单价或二价金属盐自缩聚；④对二溴苯和Na_2S在极性溶剂中的溶液缩聚。其中路线①是重要的商业化生产路线，其聚合反应式如下：

$$Cl-C_6H_4-Cl + nNa_2S \longrightarrow Cl\left[C_6H_4-S\right]_{n-1}C_6H_4-SNa + (2n-1)NaCl$$

$$\xrightarrow{H_2O} Cl\left[C_6H_4-S\right]_{n}H$$

所得聚合物的端基性质对聚合物性能有显著的影响。末端基团以氯（—Cl）为主的聚合产物与末端基团以巯基（—SH）为主的聚合产物相比，结晶性更高、晶区尺寸更大、热稳定性更好、胶凝时间更长。虽然可通过改变单体投料比，使对二氯苯过量来获得更高的末端—Cl含量，但由于单体投料比偏离等功能基物质的量比，难以获得高分子量的聚合产物，因此更有效的方法是维持单体投料等功能基物质的量比，而在聚合反应末期再加入适量的对二氯苯进行封端。

$$Cl\left[C_6H_4-S\right]_{n}Na + Cl-C_6H_4-Cl \longrightarrow Cl\left[C_6H_4-S\right]_{n}C_6H_4-Cl$$

由于该方法工艺稳定，操作简单、方便，所得聚合产物的分子量分布窄，本实验将采用该方法合成聚苯硫醚。

4.12.3 实验仪器及药品

恒温油浴，抽滤装置，回流冷凝管，电动搅拌器，温度计，三口烧瓶（250mL）；

N-甲基吡咯烷酮（NMP），对二氯代苯，无水硫化钠，丙酮，乙醇。

4.12.4 实验步骤

（1）合成

在干燥的带有回流冷凝管、搅拌器和温度计的250mL三口烧瓶中加入100mL NMP，开动搅拌器，加热升温至约100℃时，加入15.6g无水Na_2S，继续升温至180℃左右，加入29.4g对二氯代苯，控制反应温度在220～228℃（聚合反应为放热反应，注意温度的控制）。观察反应过程中体系颜色变化，最后为白色，反应5～6h后，加入1.47g对二氯苯进行封端反应，继续反应1～2h后停止加热，待反应混合物冷至140℃左右，将反应混合物倒入400mL水中沉淀，抽滤，所得聚合物沉淀用热水洗涤6～8次，乙醇洗涤三次，丙酮洗涤两次，在80℃下真空干燥，称重，计算产率。

（2）产品分析

滤液分析采用分步沉淀“重量分析法”。取一定量的滤液，加入一定体积和一定浓度的$CuCl_2$，分析滤液中的S^{2-}。取一定量的滤液加入一定体积和一定浓度的$AgNO_3$，分析滤液中的Cl^-。计算出滤液中的NaCl的含量和Na_2S的含量从而计算Na_2S的转化率。产品分析采用四川大学科仪厂的 WC-1 型显微熔点测定仪测定熔点（通用型 PPS 熔点在 260～280℃左右），所得产品熔点一般在 230～250℃之间。

4.12.5 注意事项

N-甲基吡咯烷酮（NMP）、丙酮对皮肤具有溶解脂肪作用，减少接触，可用自来水清洗。

4.12.6 实验拓展与创新

（1）试验中部分对二氯代苯可用等当量 4,4-二氯二苯砜替代合成聚苯硫醚聚砜。

（2）试验中部分对二氯代苯可用等当量 4,4-二氟二苯酮替代合成聚苯硫醚聚酮；操作方法和分析方法同上。

（3）试验中对二氯代苯当量可小于硫化钠，产物端基是巯基，然后和环氧氯丙烷反应，可得到自阻燃环氧树脂，可参阅实验 4.15 双酚 A 型环氧树脂的制备。

4.12.7 思考题

（1）本实验中的小分子副产物是什么？为什么无需从反应体系中移除？

（2）试分析在反应原料中添加过量单体和在聚合反应末期添加过量单体对聚合产物分子量的影响。

（3）怎么测定和计算分子量？

实验 4.13 醇酸树脂缩聚反应动力学

4.13.1 实验目的

（1）熟悉反应动力学的研究方法

（2）掌握醇酸树脂缩聚反应原理

4.13.2 实验原理

醇酸树脂通常由二元羧酸和多元醇缩聚而成，通过控制聚合反应投料比，并在聚合反应程度达到凝胶点之前终止聚合反应，制得可溶可熔的支化聚酯预聚体，该预聚体的交联固化反应是通过预聚体所含的未反应羧基和羟基之间的酯化反应进行的，因此必须在较高温度下（约 200℃）进行，通常用做烤漆。如果在聚合反应体系中加入适当的一元不饱和羧酸进行改性，则可在预聚体中引入不饱和双键，从而得到可在低温下发生交联固化反应的油改性醇酸树脂，其交联固化反应为其所含双键的聚合反应。合成油改性醇酸树脂时，一般先加入需要量的不饱和羧酸与甘油反应生成一元甘油酯，再与苯酐反应形成带不饱和双键的预聚物。所加不饱和羧酸的量决定了预聚体中不饱和双键的含量。据所加脂肪酸的不饱和度的高、低分为干性油醇酸树脂（或称风干漆）和不干性油醇酸树脂，前者能直接涂成膜，常温下与氧作用（有时需加入氧化促进剂，如环烷酸钴等）固化，后者则不能直接与氧作用固化，必须与其他添加剂混合使用。

常用的二元羧酸是邻苯二甲酸或其酸酐，或其与其他二元酸（如己二酸）的混合物；常用的多元醇除甘油外，还有已三醇、季戊四醇和三羟甲基丙烷等。一元不饱和酸通常为脂肪酸，如亚麻子油等。

本实验研究的是邻苯二甲酸酐与甘油的聚合反应动力学。两单体邻苯二甲酸酐与甘油以等基团数比投料，等基团数比的邻苯二甲酸酐与甘油进行缩聚反应时，在反应初期生成的是邻苯二甲酸的两种改性酯混合物，反应式为：

$$\text{邻苯二甲酸酐} + \begin{matrix}CH_2OH\\|\\CHOH\\|\\CH_2OH\end{matrix} \longrightarrow C_6H_4(COOH)COOCH_2-CHOH-CH_2OH + C_6H_4(COOH)COOCH_2-CH(OH)-CH_2OOC-C_6H_4-COOH$$

甘油中的伯羟基的反应能力较仲羟基大，所以伯羟基优先发生酯化反应。生成的酯可进一步互相发生缩聚反应生成支化产物，最后可生成交联的体型结构产物。

聚合反应程度可通过测定聚合过程中反应物的酸值变化来确定。

4.13.3 实验仪器及药品

恒温浴，电动搅拌器，氮气钢管，回流冷凝管，四口烧瓶，分水器，刻度管，温度计（量程 0～250℃），注射器等；

邻苯二甲酸酐（苯酐），甘油，KOH-乙醇/水溶液（$0.2mol\cdot L^{-1}$），酚酞指示剂（w=1%），丙酮等。

4.13.4 实验步骤

（1）如图 4-13-1 所示，装好反应装置，加入 74g（0.5mol）苯酐和 30.5g（0.33mol）甘油，通氮气除氧，迅速加热升温至 200℃，开始计算反应时间。

（2）保持在 200℃左右反应。随着反应的进行，可发现反应物黏度逐渐增大，并有水析出，由冷凝管所接分水器收集。反应进行一段时间后，用干燥的注射器从反应瓶吸取样品 1～1.5g 保存好，供酸值测定用，取样时间为开始反应后的 2min、5min、30min、50min、70min 和 90min。同时记录相应的出水量。

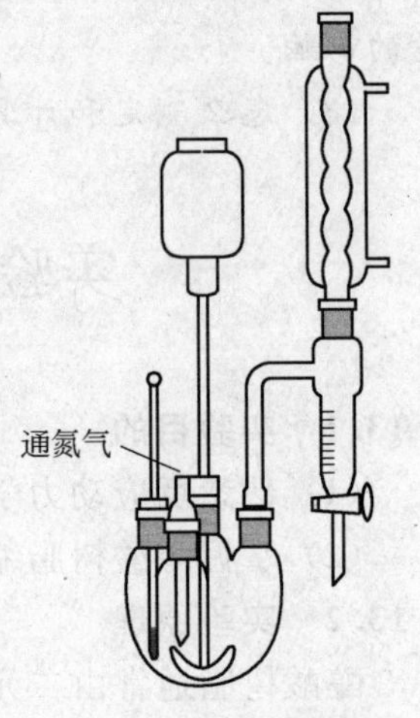

图 4-13-1 醇酸树脂合成反应装置图

（3）反应完毕后，将瓶中树脂趁热倒出，反应瓶用碱液浸洗（可适当加热煮洗）。

（4）酸值的测定。准确称取 1g 左右的样品，置于洁净、干燥的 50mL 三角瓶中，加入 25mL 丙酮将样品完全溶解，若样品难溶解，可用水浴加热（50℃以下）。溶解后，加 3 滴酚酞指示剂，并迅速用 $0.2mol\cdot L^{-1}$ 的 KOH-乙醇/水溶液滴定至呈粉红色为止（15s 不褪色），同时作一次空白试验。

酸值 A 是指每克样品所消耗的 KOH 毫克数，按下式计算：

$$A=[56.1\times N(V-V_0)]\div m$$

式中 N——KOH 溶液的浓度，$mol\cdot L^{-1}$；

V——滴定样品消耗的 KOH 溶液体积，mL；

V_0——空白试验消耗的 KOH 溶液体积，mL；

m——试样质量，g。

（5）绘出反应时间与酸值的关系图，并与相应的出水量进行比较。

4.13.5 注意事项

（1）在整个反应过程中保持稳定的氮气流，以防氧进入反应瓶；

（2）缩聚反应一直继续到酸值达 127～132 为止（约 1.5h），此时支化聚酯仍然可溶。

4.13.6 实验拓展与创新

（1）如果需要制备快干型醇酸树脂漆，配方该如何设计？

(2) 醇酸树脂可以单独用作涂料基料，也可加入苯酚、尿素、三聚氰胺树脂或纤维素系的塑料制造涂料，但多数情况下是和树脂混用。例如，和三聚氰胺树脂混合制造的涂料，称为三聚氰胺树脂涂料，而不出现醇酸树脂的名称。思考此类涂料的优势主要表现在哪些方面？

4.13.7 思考题

(1) 反应过程中通氮气速度、温度必须保持恒定吗？为什么？

(2) 为什么要迅速升温？

(3) 预测本体系的凝胶点 p_c。

实验 4.14 聚氨酯泡沫塑料的制备

4.14.1 实验目的

(1) 掌握聚氨酯泡沫塑料的制备技术

(2) 了解各组分的作用

(3) 了解制备聚氨酯塑料的反应原理

4.14.2 实验原理

甲苯二异氰酸酯的异氰酸基（—N═C═O）是很活泼的基团，芳香族异氰酸酯几乎可以与任何含有活泼氢的化合物发生加成反应，其活性次序为：RNH_2＞ROH＞H_2O＞RSH＞RNHCONHR′≈RCOOH。聚氨酯泡沫塑料的合成可分为三个阶段。

(1) 预聚体的合成

由二异氰酸酯单体与端羟基聚醚或聚酯反应生成含异氰酸酯端基的聚氨酯预聚体。

$$\mathrm{OCN{-}R{-}NCO + HO \sim\sim OH \longrightarrow OCN{-}R{-}NH{-}\overset{O}{\overset{\|}{C}}{-}O \sim\sim O{-}\overset{O}{\overset{\|}{C}}{-}NH{-}R{-}NCO}$$

(2) 气泡的形成与扩链

异氰酸酯端基与水反应生成的氨基甲酸不稳定，进一步分解为胺与 CO_2，放出的 CO_2 气体在聚合物中形成气泡，并且生成的端氨基聚合物可与聚氨酯预聚体进一步发生扩链反应。

$$\mathrm{\sim\sim NCO + H_2O \longrightarrow \left[\sim\sim \underset{H}{N}{-}\overset{O}{\overset{\|}{C}}{-}OH\right] \longrightarrow \sim\sim NH_2 + CO_2}$$

$$\mathrm{\sim\sim NH_2 + \sim\sim NCO \longrightarrow \sim\sim \underset{H}{N}{-}\overset{O}{\overset{\|}{C}}{-}\underset{H}{N}\sim\sim}$$

(3) 交联固化

游离的异氰酸酯基与脲基上的活泼氢反应，使分子链发生交联，形成体型网状结构。

$$\begin{array}{l}\begin{matrix}\wr & & \wr \\ \mathrm{NH} & & \mathrm{NH + OCN{-}R{-}NCO} \\ | & & | \\ \mathrm{CO} & & \mathrm{CO} \\ | & & | \\ \mathrm{NH} & \mathrm{+ OCN{-}R{-}NCO +} & \mathrm{NH} \\ | & & | \\ \mathrm{P} & & \mathrm{P} \\ \wr & & \wr\end{matrix} \longrightarrow \begin{matrix}\wr & & \wr \\ \mathrm{NH} & & \mathrm{N{-}CONH{-}R{-}NHCO\sim\sim} \\ | & & | \\ \mathrm{CO} & & \mathrm{CO} \\ | & & | \\ \mathrm{N} & \mathrm{{-}CONH{-}R{-}NHCO{-}} & \mathrm{N} \\ | & & | \\ \mathrm{P} & & \mathrm{P} \\ \wr & & \wr\end{matrix}\end{array}$$

异氰酸酯与水的反应提供了泡沫塑料的发泡反应，扩链和交联固化导致了聚合物的生成——凝胶反应。如果发泡过快，则泡沫的气孔粗糙，甚至可能塌陷；如果凝胶过快，泡沫硬而稠密，也可能发生收缩。因此发泡的关键是控制这两种反应达到理想平衡状态，即在起泡达到最高点时，泡沫正好凝胶。

泡沫制品的均匀性和开孔、闭孔的分布可通过添加助剂（如乳化剂和稳定剂等）来调节。乳化剂可使水在反应混合物中分散均匀，从而可保证发泡的均匀性；稳定剂（如硅油）则可防止在反应初期泡孔结构的破坏。

4.14.3 实验仪器及药品

模具（纸盒 8cm×8cm×8cm），滴管，烧杯（50mL，250mL 各一个）；

聚醚多元醇，甲苯二异氰酸酯，三乙烯二胺（DABCO），二月桂酸二丁基锡，硅油。

4.14.4 实验步骤

在 50mL 烧杯中，放入 0.1g DABCO，加 0.2g 水（约 5 滴），使其溶解后再加入 10g 聚醚多元醇，溶液标记为 1#。

在 250mL 烧杯中，依次加入 25g 聚醚多元醇，10g 甲苯二异氰酸酯，0.1g（约 3 滴）二月桂酸二丁基锡，搅拌均匀，此时能感觉到有反应热放出，溶液标记为 2#。

在 1# 溶液中加入 0.1～0.2g（约 10 滴）硅油，搅拌均匀后倒入 2# 溶液中，并搅拌均匀，待反应物变稠后，将其倒入模具中，在室温下放置 0.5h 后，再放入 70℃ 的烘箱中熟化 0.5h，即可得到一块白色的软质聚氨酯泡沫塑料。

4.14.5 注意事项

(1) 甲苯二异氰酸酯毒性较大，注意室内通风，称量不要求太准确，但是要求称量快速。

(2) 反应混合物倒入纸盒之前的操作一定要快速完成。1# 混合物倒入大烧杯后要迅速搅拌，在搅拌过程中若发现有聚合现象，应立即把混合物倒入纸盒。如果操作得好，可以在未出现或刚出现聚合时就把混合物移入纸盒内。

4.14.6 实验拓展与创新

(1) 如果在配方中添加少量十二烷基苯磺酸钠和聚乙二醇辛基苯基醚（OP-10）将会发泡过程产生什么样的影响？

(2) 本实验制备的是软质聚氨酯泡沫塑料，如果改作硬质泡沫塑料，又该如何设计发泡配方和工艺？

4.14.7 思考题

(1) 聚氨酯泡沫塑料的软硬由哪些因素决定？如何保证均匀的泡孔结构？

(2) 配方中各组分的作用是什么？

(3) 从制备方法和材料性能等方面简要比较聚苯乙烯泡沫塑料和聚氨酯泡沫塑料。

实验 4.15 双酚 A 型环氧树脂的制备

4.15.1 实验目的

(1) 掌握环氧值的测定方法

(2) 熟悉环氧树脂的制备

(3) 了解浇铸实验中环氧树脂的固化机理

4.15.2 实验原理

环氧树脂预聚体为主链上含醚键和仲羟基、端基为环氧基的预聚体。其中的醚键和仲羟基为极性基团，可与多种表面之间形成较强的相互作用，而环氧基则可与介质表面的活性基，特别是无机材料或金属材料表面的活性基起反应形成化学键，产生强力的黏结，因此环氧树脂具有独特的黏附力，配制的胶黏剂对多种材料具有良好的粘接性能，常称“万能胶”。

双酚 A 型环氧树脂是由双酚 A 与过量的环氧氯丙烷及碱催化聚合而成，其合成反应的机理迄今尚未定论，一般认为属于缩聚反应，总反应式如下：

$$(n+1)HO-C_6H_4-C(CH_3)_2-C_6H_4-OH + (n+2)ClH_2C-CH(O)CH_2 \xrightarrow{NaOH}$$

$$H_2C(O)CH-CH_2\left[O-C_6H_4-C(CH_3)_2-C_6H_4-OCH_2-\underset{OH}{CH}-CH_2\right]_n O-C_6H_4-C(CH_3)_2-C_6H_4-O-CH_2-CH(O)CH_2$$

改变原料配比、聚合反应条件（如反应介质、温度及加料顺序等），可获得不同分子量与软化点的产物。为使产物分子链两端都带环氧基，必须使用过量的环氧氯丙烷。树脂中环氧基的含量是反应控制和树脂应用的重要参考指标，根据环氧基的含量可计算产物分子量，环氧基含量也是计算固化剂用量的依据。环氧基含量可用环氧值或环氧基的百分含量来描述。环氧基的百分含量是指每 100g 树脂中所含环氧基的质量。而环氧值是指每 100g 环氧树脂所含环氧基的物质的量。环氧值采用滴定的方法来获得。

环氧树脂的固化剂种类很多，常用的主要有两大类：①有机多元胺：如乙二胺、丙二胺、三乙烯三胺、三乙烯四胺、间苯二胺等，其中脂肪族胺类能在室温下反应，为室温固化剂，芳香族胺类常在加热下固化；②酸酐：如邻苯二甲酸酐、顺丁烯二酸酐、苯酐、均苯四酐，一般需要在较高温度下固化。所用固化剂不同，固化机理也不同。

使用伯胺固化时，固化反应为多元胺的氨基与环氧预聚体的环氧端基之间的加成反应，反应式如下：

$$\sim R-NH_2 + H_2C(O)CH-CH_2\sim \longrightarrow \sim R-NH-CH_2-\underset{OH}{CH}-CH_2\sim$$

用酸酐固化时，交联固化反应是羧基与预聚体上仲羟基及环氧基之间的反应，反应式如下：

$$\sim\underset{OH}{CH}\sim + \text{邻苯二甲酸酐} \longrightarrow \sim\underset{O-CO-C_6H_4-COOH}{HC}\sim \xrightarrow{H_2C(O)CH-CH_2\sim} \sim\underset{O-CO-C_6H_4-CO-O-CH_2-\underset{OH}{CH}-CH_2\sim}{HC}\sim$$

4.15.3 实验仪器及药品

恒温水浴，机械搅拌器，四口烧瓶（250mL），冷凝管，温度计（200℃），恒压滴液漏斗（60mL），分液漏斗（250mL），移液管（25mL），滴定管，表面皿；

双酚 A，环氧氯丙烷，乙二胺，NaOH，甲苯，盐酸-丙酮溶液［将 2mL 浓盐酸溶于 30mL 丙酮中混合均匀即得（即用即配）］。

4.15.4 实验步骤

（1）树脂合成

在装有搅拌器、温度计、恒压滴液漏斗、回流冷凝管的四口烧瓶（如图 4-15-1 所示的装置）中分别加入 30g 双酚 A 和 34g 环氧氯丙烷，开动搅拌，加热至 50℃时，将 35mL NaOH（$w=30\%$）水溶液自滴液漏斗中慢慢滴加到反应瓶中，并注意控制在 50～60℃下约 2h 内滴完，升高温度，于 70～75℃继续反应 1h，可观察到反应物呈现黄色黏稠树脂，停止加热，冷却至室温。向反应瓶中加入 30mL 蒸馏水和 60mL 甲苯，充分搅拌后，倒入分液漏斗中，静置，分去水层。

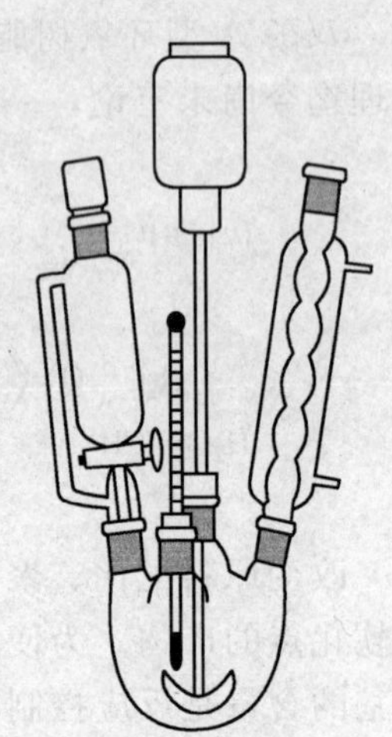

图 4-15-1 环氧树脂合成反应装置

将树脂溶液倒回四口烧瓶，进行真空蒸馏，除去甲苯及未反应的环氧氯丙烷，加热，开动真空泵（注意馏出速度），蒸馏到无馏出物为止，控制蒸馏最终温度为 120℃，得到黄色透明树脂。

（2）环氧值的测定

准确称取环氧树脂约 0.5g（精确到 mg）于三角烧瓶中，用移液管加入 25mL 盐酸-丙酮溶液，微微加热，使树脂完全溶解后，在水浴上回流 30min。冷却后用 NaOH 溶液滴定，同时按上述条件作空白对比。

环氧值 E 按下式计算：

$$E=\frac{(V_1-V_2)c}{1000m}\times 100=\frac{(V_1-V_2)c}{100m}$$

式中 V_1——空白滴定所消耗 NaOH 溶液体积，mL；

V_2——样品消耗的 NaOH 溶液体积，mL；

c——NaOH 溶液的浓度，$mol \cdot L^{-1}$；

m——树脂质量，g。

（3）树脂固化

有些电子元件在使用过程中为了固定和防止外界水分的侵蚀，常常将整个零件用环氧树脂包裹起来，“包裹过程”是以黏液态环氧树脂对零件进行浇铸，所以又称为浇铸法。

试验树脂以乙二胺为固化剂的固化情况。在一只干净的表面皿中称取 4g 环氧树脂，加入 0.3g 乙二胺，用玻璃棒搅拌均匀，室温放置，观察树脂固化情况。记录固化时间。

4.15.5 注意事项

环氧氯丙烷和环氧树脂具有反应活性，可与皮肤中的胶原蛋白中的活性氢反应，应该减少与皮肤接触，注意洗手。

4.15.6 实验拓展与创新

自阻燃环氧树脂合成

在装有搅拌器、温度计、分液漏斗、回流冷凝管的四口烧瓶中分别加入 13.1g 双酚 A、11.7g 对羟基二苯硫醚和 34g 环氧氯丙烷，开动搅拌，加热至 50℃时，将 35mLNaOH 水溶液（$w=30\%$）从滴液漏斗中慢慢滴加到反应瓶中，并注意控制在 50～60℃下约 2h 内滴完，升高温度，于70～75℃继续反应1h，可观察到反应物呈现黄色黏稠树脂，停止加热，冷却至室温。向反应瓶中加入30mL蒸馏水和60mL甲苯，充分搅拌后，倒入250mL分液漏斗中，静置，分去水层。

将树脂溶液倒回四口烧瓶，进行真空蒸馏，除去甲苯及未反应的环氧氯丙烷，加热，开动真空泵（注意馏出速度），蒸馏到无馏出物为止，控制蒸馏最终温度为120℃，得到透明自阻燃环氧树脂。测定氧指数。

4.15.7 思考题

（1）环氧树脂的反应机理是什么？影响合成的主要因素有哪些？

（2）从结构上分析为什么环氧树脂具有优异的粘接性能？

实验4.16 复合材料玻璃钢的制备

4.16.1 实验目的

（1）掌握制备不饱和聚酯树脂的缩聚反应机理、技术与工艺条件技术和产品特性

（2）了解玻璃钢复合材料的加工成型

4.16.2 实验原理

不饱和聚酯树脂是由不饱和二元酸及饱和二元酸与二元醇缩聚反应的产物。这类聚酯中除了酯基外，还含有双键，在引发剂存在下，能与烯类单体进行共加聚反应，形成有交联结构的热固性树脂。不饱和聚酯树脂黏度低，浸润性好，透明度高，并且有一定的黏附力。首先由顺丁烯二酸酐、邻苯二甲酸酐和微过量的乙二醇通过加热熔融缩聚，制得线型不饱和聚酯。反应过程中，经常测定体系酸值，或以脱水量来控制聚合度。当酸值降到50左右时，可以得到低黏度液体聚酯。将此步产物和含阻聚剂的苯乙烯混合，贮备待用。苯乙烯既是稀释剂，又是交联剂。其反应式如下：

$$n\ \text{(邻苯二甲酸酐)} + n\ \text{(顺丁烯二酸酐)} + 2n\ \begin{matrix}CH_2-OH\\ |\\ CH_2-OH\end{matrix} \longrightarrow$$

$$\left[-O-CH_2-CH_2-O-\overset{O}{\overset{\|}{C}}-C_6H_4-\overset{O}{\overset{\|}{C}}-O-CH_2-CH_2-O-\overset{O}{\overset{\|}{C}}-CH{=}CH-\overset{O}{\overset{\|}{C}}-\right]_n + (2n-1)H_2O$$

第二步由线型不饱和树脂交联固化成型制成玻璃纤维增强塑料。

$$\begin{matrix}HC-\!\!\left[H_2C-\underset{C_6H_5}{\underset{|}{CH}}\right]_n\!\!-CH_2 & \\ | & \\ -CH & CH-\!\!\left[H_2C-\underset{C_6H_5}{\underset{|}{CH}}\right]_n\!\!-CH \\ & | \\ & CH\sim\sim\end{matrix}$$

改变缩聚反应中所用的二元酸和二元醇性质或乙烯类单体成分，可以使所制得的不饱和聚酯树脂在广泛范围内具有良好性能，从而使此类树脂获得不同用途。

玻璃纤维增强塑料品种很多，是近代塑料工业发展的方向之一。一般不饱和聚酯用玻璃

纤维作填料，因此又称为“玻璃钢”。聚酯玻璃钢是不饱和聚酯树脂在过氧化物存在下，与烯类单体交联之前，涂覆在经过预处理的玻璃布上，在适当温度下低压接触成型固化得到的。它可以用来制造飞机上的大型部件、船体、火车车厢、化工设备和管道等。它具有拉伸强度高，密度小、电和热绝缘性优良等特点。

4.16.3 实验仪器及药品

油浴或空气浴装置，电动搅拌器，四口烧瓶（250mL），直型冷凝管，分流柱，温度计，氮气保护装置，电热鼓风干燥箱，玻璃纤维布，玻璃板（200mm×200mm）；

乙二醇，顺丁烯二酸酐，邻苯二甲酸酐，对苯二酚，苯乙烯，过氧化苯甲酰，*N*,*N*-二甲基苯胺，聚乙烯醇1799（w=6%～8%水溶液）。

4.16.4 实验步骤

（1）不饱和树脂制备

依照表4-16-1原料配方与原料成本核算表，称取合适原料配方的量。在一个装有电动搅拌器、分流柱、直型冷凝管、温度计和氮气导入系统的250mL四口烧瓶中，加入36.6g乙二醇、24.5g顺丁烯二酸酐、37g邻苯二甲酸酐和38mg对苯二酚。装置充入氮气除尽空气，然后在氮气流保护下加热到80～100℃使物料熔化，启动搅拌器，继续升温到180～190℃进行酯化反应，注意分流柱顶出水温度小于103℃，5～6h后完成酯化反应，取样分析物料酸值小于50mg KOH/g。降低物料温度到130℃，加入52g新蒸过的含有0.03%对苯二酚的苯乙烯，搅匀后，冷却到室温得到黏稠状清澈或淡黄色的不饱和树脂。

表4-16-1 原料参考配方与原料成本核算

原料	Ⅰ 指定配方	Ⅱ 自选配方	原料单价 /万元·吨	吨产品原料核算 单耗/kg	吨产品原料成本合计
乙二醇	36.6g				
顺丁烯二酸酐	24.5g				
邻苯二甲酸酐	37.0g				
对苯二酚	38mg				
苯乙烯	52g				

（2）不饱和聚酯树脂成品分析

按照目前国内大多数生产单位的生产情况和相关部门检测指标，不饱和聚酯的成品分析主要有：外观检测、酸值测定、黏度测定、凝胶时间测定、固含量测定以及热稳定性测试六大项。表4-16-2是国产189#不饱和聚酯树脂（与本实验产品类似）的质量控制指标。

表4-16-2 189#不饱和聚酯树脂的质量控制指标

测试项目	控制指标	测试项目	控制指标
外观检测	透明微黄，无分层	黏度(25℃)/Pa·s	0.35±0.1
酸值/mgKOH·g^{-1}	24±3	凝胶时间(25℃)/min	10～16
固含量/%	62±2	热稳定性(80℃,24h)	透明无凝胶

成品分析测试指标说明：

① 外观检测：目测或用 Fe-Co 比色管进行目测。

② 酸值的测定：参考实验 4.13.4 实验步骤（4）酸值的测定。

③ 黏度测定：采用国产 NDJ-1 型旋转黏度计测定液体树脂黏度，测试温度为（25±0.5)℃。

④ 固含量测定：参考实验 4.4.4 实验步骤（4）产品性能测试②固含量。

⑤ 胶凝时间测定：将陶瓷坩埚放入恒温水浴锅中，保持温度（25±0.5)℃；用一只清洁干燥的 200 mL 的烧杯准确称取（4±0.2)g 引发剂 H 糊（过氧化环己酮糊）然后加入树脂试样（100±0.5)g，充分搅拌，使试样和引发剂均匀混合，并控制温度恒定；再用移液管吸取促进剂 E 液（环烷酸钴与苯乙烯的溶液）4mL，同时，在搅拌试样的情况下，加 E 液于树脂中，当 E 液放完最后一滴时，开动秒表，然后试样和 E 液迅速充分混合均匀，保持树脂温度恒定，倒入陶瓷坩埚内。不断搅动树脂样品，当发现胶状时，记下时间，即为胶凝时间。

⑥ 热稳定性测试：聚酯通常在室温（18～25℃之间）是稳定的，至少能存放三个月以上。因此，测算贮存期的方法显得特别重要。方法之一是加速法，即将树脂置于 80℃ 的较高温度下，存放 24h 的贮存期，相对于 20℃ 时存放一年的贮存期。但是，不同类型的聚酯不完全相同，可能同一高温（80℃）的贮存期只相当于 20℃ 时三个月的贮存期。

具体操作步骤：在磨口瓶中倒入约 100mL 树脂，塞上玻璃塞，放入（80±1)℃ 恒温烘箱中，记下时间。以后每隔 1h（或 2h）检查一次树脂的流动性。树脂出现凝胶现象时，记下总贮存时间后，取出样品瓶，将树脂倒出，清洗样品瓶。合格的树脂在 80℃，24h 后，应保持透明流动性且无明显变化。

(3) 玻璃钢制备

在 50mL 的烧杯中加入 60g 不饱和树脂、1.2g 过氧化苯甲酰和 0.8g *N*,*N*-二甲基苯胺搅匀，备用。取 4～6 块 100mm×100mm 去脂洗净干燥好的玻璃纤维布平铺在玻璃板上，在板面上薄涂一层聚乙烯醇溶液，刷涂上调配好的不饱和树脂胶黏剂，贴上一层玻璃纤维布，如此反复。后用聚乙烯醇溶液处理过的玻璃板压平，室温保持 1～2h 即可固化。

4.16.5 安全注意事项

(1) 顺丁烯二酸酐、邻苯二甲酸酐、过氧化苯甲酰具有反应活性不要与皮肤接触；

(2) 顺丁烯二酸酐、邻苯二甲酸酐具有升华特性；

(3) 过氧化苯甲酰干燥时不能见明火，不能高于 60℃，结块的过氧化苯甲酰不能与金属撞击，否则容易爆炸；

(4) 对苯二酚、苯乙烯、*N*,*N*-二甲基苯胺等具有毒性，防止吸入。

4.16.6 实验拓展与创新

(1) 如何通过改变化学组成的方法提高不饱和聚酯树脂的韧性，这种方法有何优缺点？

(2) 复合材料的界面结合程度对材料的力学性能影响极大，可以通过哪些方法提高树脂基体与增强材料的结合强度？

4.16.7 思考题

(1) 加入乙二醇、顺丁烯二酸酐、邻苯二甲酸酐和对苯二酚，其作用各是什么？为什么向反应瓶装置中充入氮气除尽空气？

(2) 5～6h 后完成酯化反应，取样分析物料酸值，所采用的是何种方法？

(3) 将去脂洗净干燥好的玻璃纤维布平铺在玻璃板上，并在板面上薄涂一层聚乙烯醇溶液，为什么？

实验 4.17 环保型脲醛胶黏剂的合成工艺

4.17.1 实验目的

(1) 熟悉毒害物质的消除原理和方法

(2) 掌握尿素和甲醛缩聚反应的方法原理

(3) 掌握脲醛胶黏剂的合成工艺和黏度的测定

(4) 掌握游离甲醛的分析测定方法

4.17.2 实验原理

尿素和甲醛在碱或酸催化剂的作用下，发生缩聚反应，第一步生成 *N*-羟甲基化产物，此产物水溶解性比较高。第二步是 *N*-羟甲基化产物继续在酸催化剂的作用下，发生分子间脱水反应，生成不熔又不溶于水的脲醛树脂。甲醛和尿素的比例通常控制在 1.75～2.5 之间。第一步催化剂常使用氢氧化钠，第二步是用的催化剂有氯化铵、磷酸、甲酸、乙酸等。脲醛树脂作为胶黏剂在木材加工行业有着极其重要的应用，是生产胶合板、纤维板和细木工板的主要胶黏剂。

为了改进脲醛树脂作为胶黏剂的应用特性，一般都对脲醛树脂进行改性，改性的目的有提高胶黏剂的初黏度和黏合强度（添加聚乙烯醇、糊化淀粉、共混聚丙烯酸酯乳液等）、降低胶黏剂的生产成本、延长胶黏剂的储存期限、降低胶黏剂中游离甲醛的含量等。

脲醛胶黏剂在使用中的毒害就是游离的甲醛，为了降低游离甲醛的含量，一般在脲醛胶黏剂合成的后期，加入甲醛消除剂。甲醛消除剂包括三聚氰胺、硫脲、聚乙烯醇等。

4.17.3 实验仪器及药品

电动搅拌机，电热套，三口烧瓶（250mL），温度计（0～150℃），广泛 pH 试纸；

聚乙烯醇 1799，尿素，氢氧化钠，甲醛（质量分数 $w=37\%$），甲酸，三聚氰胺，氯化铵。

4.17.4 实验步骤

(1) 合成

依照表 4-17-1 原料配方与原料成本核算表，称取合适原料配方的量。称取甲醛水溶液（$w=37\%$）加入反应瓶中，在良好的搅拌下，用适量的氢氧化钠溶液（$w=30\%$）调节 pH 值至 8.0～8.5，加入二分之一量的尿素和聚乙烯醇，10min 内升温至 80～85℃。保温反应 1h，此后用甲酸缓慢调节 pH 值在 4.5～5.0，加入其余的尿素，升温至 90～92℃，反应 0.5h。立即用氢氧化钠（$w=30\%$）调节 pH 值在 7.5～8.0，加入三聚氰胺，自然冷却至 40℃后，备用。

(2) 游离甲醛含量的测定

准确称取合成样品 3～5g，用 15mL 去离子水稀释，加入 $w=10\%$ 的盐酸羟胺溶液 10g，室温下搅拌 10min，甲基橙作为指示剂，用标准的氢氧化钠溶液滴定到终点为止。使用同样试剂，不加合成样品按照上述操作，平行测定，进行空白试验。

表 4-17-1　原料配方与原料成本核算表

原料	Ⅰ 指定配方	Ⅱ 自选配方	原料单价 /万元·吨$^{-1}$	吨产品原料核算 单耗/kg	吨产品原料成本合计
$w=37\%$甲醛	100g				
尿素	37g				
聚乙烯醇 1799	0.8g				
氢氧化钠	适量				
甲酸	适量				
三聚氰胺	3g				
氯化铵	适量				

游离甲醛的含量计算方法：

$$\text{游离甲醛的质量百分含量}=\frac{3c(V_1-V_0)}{m}$$

式中　c——标准氢氧化钠溶液的物质的量浓度，mol·L^{-1}；

V_0——空白试验消耗的标准氢氧化钠溶液体积，mL；

V_1——测定试验消耗的标准氢氧化钠溶液体积，mL；

m——合成样品的质量，g。

(3) 性能测试

测试：外观、黏度、游离甲醛含量。

4.17.5　注意事项

当其他条件不变时，提高温度可以加快反应的进行。但缩聚反应时若温度太高，反应会很剧烈，导致黏度过高出现冻胶，分子大小也不均匀，影响产品质量，严重时会引起生产事故；温度太低，反应时间会加长，树脂的聚合度会降低。实验证明，成胶温度控制在 85～95℃时产品的效果较好，产品的贮存期会相对较长。

反应时间的长短会影响到树脂缩聚度大小和树脂性能。反应时间过短，缩聚不够完全，会导致固体含量少、黏度低、游离甲醛含量高、胶层机械强度低，还容易出现假黏度；相反，缩聚时间过长，形成的分子很大，黏度过高，树脂水混合性能差，贮存期短。反应时间的控制应根据具体的反应步骤来把握，一般整个工艺过程总反应时间以控制在 2～3h 为宜。

4.17.6　实验拓展与创新

(1) 加料方式与顺序的影响

甲醛与尿素反应的物质的量比对尿素的羟甲基衍生物（即一羟甲基脲和二羟甲基脲）的数量有直接影响。若甲醛物质的量数小于尿素，仅能生成一羟甲基脲；而如果甲醛物质的量数较大，则还会有二羟甲基脲的生成，这将有利于增强脲醛胶黏剂的胶合强度，缩短固化时间，但会使游离甲醛含量升高。因此，应根据反应机理，在反应进程中适当控制尿素的加料批次与比例。使局部尽可能生成二羟甲基脲。在缩聚过程中，尿素的分批加入对于树脂的胶合强度、储存稳定性以及甲醛释放等都有很大的影响。在实验时，学生可分组比较不同加料方式与顺序对产品各项性能的影响。

(2) 脲醛树脂的改性

脲醛树脂的分子中含有 3～4 个羟甲基，具有亲水性，在酸性条件下容易发生水解，且易与尿素分子中未反应的氨基发生交联。这些因素导致脲醛树脂存在一定的缺陷，如固化后产生内应力，使胶层较脆，耐水性、耐老化性差；产品性质不稳定，难以储存和运输；容易发生凝胶，产生假黏度现象，贮存期短；游离甲醛含量高，污染环境，影响人的身体健康。其中尤以最后一个缺点的影响最为严重。为此，必须针对不同的问题，加入相应的改性剂，对脲醛树脂进行改性，使其达到产品质量的要求。本实验中使用了三聚氰胺进行改性，可部分解决上述问题。结合专业知识并查阅文献思考还可以采用哪些改性剂或改性方法。

4.17.7 思考题

（1）为什么在合成过程中多次调节 pH 值？

（2）碱度和酸度过高以及反应温度过高对聚合反应有何影响？

（3）三聚氰胺的作用是什么？

实验 4.18 聚苯胺的制备和导电性测试

4.18.1 实验目的

（1）了解聚苯胺的化学氧化制备方法

（2）了解聚苯胺的性质

4.18.2 实验原理

聚苯胺（PAn）作为一种较常见的导电高分子，因其具有原料易得、制备方法简便、环境稳定性好等优点而深受人们的重视。对 PAn 的聚合机理和产物结构有过许多研究和争论，目前被广泛接受的 PAn 结构模型为 1987 年 MacDiarmid 提出的苯式-醌式结构单元共存的模型：

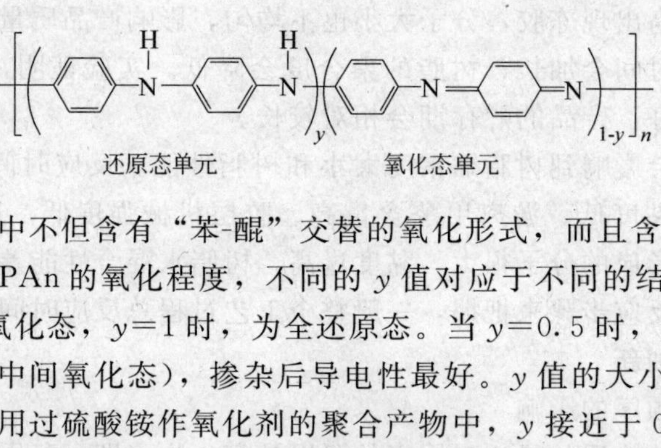

还原态单元　　　氧化态单元

可以看出，其结构中不但含有“苯-醌”交替的氧化形式，而且含有“苯-苯”连续的还原形式。其中，y 代表 PAn 的氧化程度，不同的 y 值对应于不同的结构组分和颜色及电导率。当 $y=0$ 时，为全氧化态，$y=1$ 时，为全还原态。当 $y=0.5$ 时，为“苯-醌”比为 3∶1 的半氧化半还原结构（中间氧化态），掺杂后导电性最好。y 值的大小受聚合时的氧化剂种类、浓度等条件影响。用过硫酸铵作氧化剂的聚合产物中，y 接近于 0.5。PAn 这种结构的形成一般认为可分成两步：第一步，单体按阳离子自由基机理聚合成全醌二亚胺结构；第二步，该结构被苯胺单体还原为苯二胺和醌二亚胺交替结构。

（a）全苯式，$y=1$，全还原态（leucoemeraldine base）

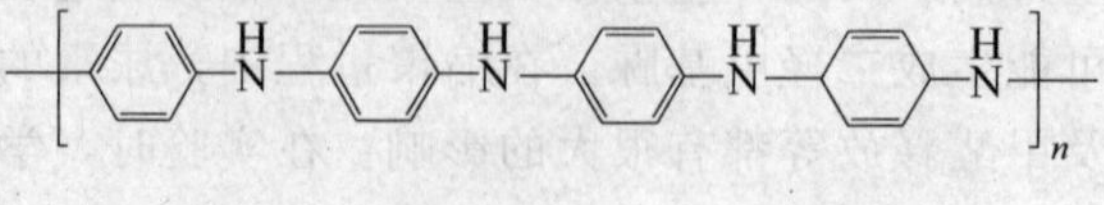

（b）单醌式，$y=0.5$（emeraldine base）

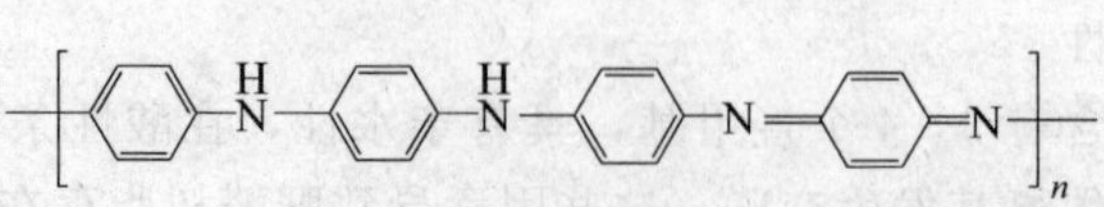

(c) 双醌式，$y=0$，全氧化态（pernigraniline base）

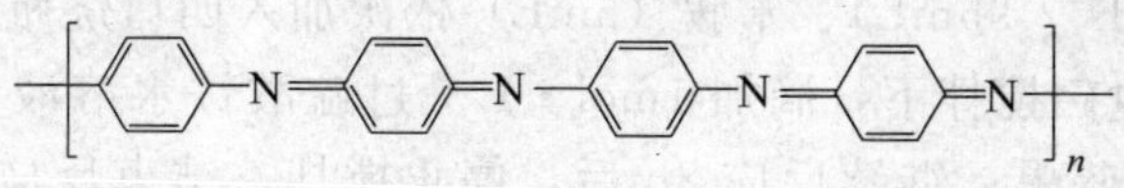

(d) 掺杂态（emeraldine salt）

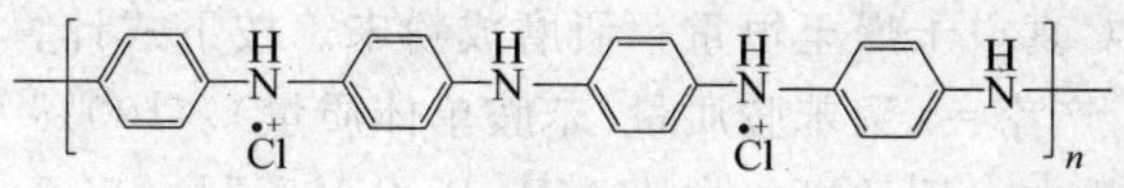

PAn处于前3种状态都为绝缘体，在 $0<y<1$ 的任一状态，都能通过质子酸掺杂从绝缘体变成导体，(d) 式为HCl掺杂态。PAn经质子酸掺杂后，其电导率可提高十个数量级以上。

目前PAn主要是以苯胺（An）为原料，使用电化学和化学方法氧化而得到，PAn的组成结构和性能与聚合方法、溶液组成及反应条件密切相关。

苯胺的化学氧化聚合通常是在苯胺-氧化剂-酸-水体系中进行。常用的氧化剂有过硫酸铵[$(NH_4)_2S_2O_8$]、重铬酸钾（$K_2Cr_2O_7$）、过氧化氢（H_2O_2）、碘酸钾（KIO_3）和高锰酸钾（$KMnO_4$）等。过硫酸铵由于不含金属离子，后处理简便，氧化能力强，且在$-5\sim50$℃温度范围均有良好的氧化活性，成为苯胺氧化聚合中最常用的氧化剂。研究发现，当氧化程度一定时，PAn电导率随掺杂度（质子化程度）的增加而急剧增大，当掺杂度超过15%以后，电导率趋于稳定。在酸度低时，H^+浓度低，掺杂量较少，其导电性受到影响。因此质子酸成为苯胺氧化聚合的一个重要因素，它主要起两方面的作用：提供反应介质所需要的pH值和以掺杂剂的形式进入PAn骨架，赋予其一定的导电性。质子酸通常选择盐酸（HCl）、磷酸（H_3PO_4）等。另外，反应温度对PAn的电导率具有一定影响。在低温（0℃左右）下聚合有利于提高PAn的分子量并获得分子量分布较窄的聚合物，能获得较高的电导率。

化学氧化法一般分为溶液法和乳液法两大类。溶液法聚合的PAn通常可加工性能差（即在普通溶剂中难溶和难熔），成为加速PAn实用化进程的主要障碍，而乳液聚合法制备PAn相比之下有如下优点：

(1) 用无环境污染且成本低的水为载体，产物不需沉淀分离以除去溶剂。

(2) 若采用大分子有机磺酸充当乳化剂，则可一步完成质子酸的掺杂以提高PAn的导电性。

(3) 通过将PAn制备成可直接使用的乳状液，就可在后加工过程中避免再使用一些昂贵（*N*-甲基吡咯烷酮，NMP）或有强腐蚀性（如浓硫酸）的溶剂，而实际上这些溶剂对掺杂态导电PAn的溶解性并不好。这样不但可以简化工艺，降低成本，保护环境，还可有效地改善PAn的可加工性。

4.18.3 实验仪器及药品

电导率测试仪，万用表，油压机，机械搅拌器，四口烧瓶，滴液漏斗；

十二烷基苯磺酸（DBSA），过硫酸铵（APS），苯胺，盐酸，浓硫酸，丙酮。

4.18.4 实验步骤

(1) 苯胺的精制

市售苯胺通常由于发生氧化而呈棕红色，需减压蒸馏纯化后方可使用。（预习减压蒸馏操作方法）

（2）溶液聚合法

将盐酸（0.4mol·L^{-1} 95mL）、苯胺（5mL）依次加入四口烧瓶中，用水浴控制反应体系温度（0～5℃）。在电磁搅拌下，滴加1mol·L^{-1}过硫酸铵水溶液50mL，1h内滴完，溶液颜色由透明逐渐变成蓝黑。继续反应2h后，停止搅拌，结束反应。将反应混合物抽滤，用稀盐酸（0.01mol·L^{-1}），丙酮洗涤滤饼三次，以除去未反应的有机物和低聚物，最后用水洗至滤液为中性。65℃真空干燥至恒重，研磨成粉末。按下式计算产率：

$$产率=(聚苯胺质量/苯胺单体质量)\times 100\%$$

将干燥好的聚苯胺粉末，用油压机在10MPa压力下压制成直径10mm、厚度约为4mm的圆片，用四探针电导率测试仪或万用表的电阻挡位测试其导电情况。

（3）乳液聚合法

在四口烧瓶中依次加入苯胺5mL、DBSA 8g和去离子水150mL，电磁搅拌混合30min，使其预乳化完全。再滴加配好的1mol·L^{-1}过硫酸铵水溶液50mL，30min内滴加完。保持体系为室温（20℃左右），反应3h后，静置，加入丙酮破乳，过滤，用DBSA水溶液和丙酮各洗涤三次以除去未反应的有机物和低聚物，大量去离子水洗至滤液中性。65℃真空干燥至恒重，研磨成粉末，计算产率。粉末压片并观测其导电性。

4.18.5 注意事项

苯胺毒性较强，易燃、易随蒸气挥发，应避免触及皮肤、吸入其蒸气。

4.18.6 实验拓展与创新

除了化学氧化法合成聚苯胺外，还有电化学聚合法。自从1980年Diaz成功地用电化学氧化聚合法制备出电活性得PAn膜以来，大量研究工作围绕苯胺的电化学聚合及PAn的电化学行为展开。电化学合成PAn是以电极电位作为聚合反应的引发和反应驱动力。目前的方法主要有：动电位扫描法和恒电位、恒电流脉冲极化及各种手段的复合方法。

例如，采用不锈钢片（尺寸为1cm×4cm×1mm）作为工作电极，对电极也为不锈钢片，饱和甘汞电极为参考电极组成电化学聚合体系。将1mL的苯胺溶于0.5mol·L^{-1}的硫酸水溶液中，苯胺与硫酸的物质的量比为1∶1。将此混合液超声震荡30min，得到均匀溶液作为电化学聚合的电解液。采用恒电位法，将恒压电源电压调至1.2V，电化学聚合1h后停止反应。用去离子水冲洗不锈钢电极，65℃真空干燥至恒重。再用滤纸擦拭电极，使聚苯胺吸附于滤纸上，利用万用电表测试其导电性。

4.18.7 思考题

（1）如何使导电聚苯胺具有良好的溶解性？

（2）结构型导电聚合物应具有怎样的结构？为了使其导电，还需要采取什么措施？

（3）化学氧化法合成聚苯胺时，有哪些废渣？如何处理？

（4）导电高分子的溶解性和加工性有哪些特点？

（5）在化学氧化法合成聚苯胺时，滴加过硫酸铵的速度为何要缓慢？

第 4 章　高分子化学改性实验

实验 4.19　聚乙烯醇的制备及其缩醛化反应

4.19.1　实验目的

(1) 掌握聚乙烯醇缩甲醛的溶液反应操作方法

(2) 熟悉聚醋酸乙烯酯水解的反应原理

(3) 了解各种操作条件对聚乙烯醇缩甲醛水溶液黏度的影响

(4) 了解生产 107 胶液的安全操作要点和使用贮存要求

4.19.2　实验原理

由于不存在乙烯醇单体，因而聚乙烯醇（PVA）不能直接由单体聚合而成，而是由聚乙酸乙烯酯在酸或碱的作用下水解而成。在碱催化下的水解（醇解）又可分为湿法（高碱）和干法（低碱）两种，湿法是指在原料聚乙酸乙烯酯甲醇溶液中含有质量分数 $w=1\%\sim2\%$ 的水，碱催化剂也配成水溶液，湿法的特点是反应速度快，但副反应多，生成的乙酸钠多；干法是指聚乙酸乙烯酯的甲醇溶液不含水，碱也溶在甲醇中，碱的用量少（只有湿法的 1/10），干法的优点是克服了湿法的缺点，但反应速度慢。

聚乙酸乙烯酯醇解反应

$$\left[CH_2-\underset{\displaystyle OOCCH_3}{\underset{|}{CH}}\right]_n \xrightarrow[\text{干法}]{NaOH，CH_3OH} \left[CH_2-\underset{\displaystyle OH}{\underset{|}{CH}}\right]_n + nCH_3COOCH_3$$

$$\left[CH_2-\underset{\displaystyle OOCCH_3}{\underset{|}{CH}}\right]_n \xrightarrow[\text{湿法}]{NaOH，CH_3OH} \left[CH_2-\underset{\displaystyle OH}{\underset{|}{CH}}\right]_n + nCH_3COONa$$

聚乙烯醇分子中含有大量的羟基，可进行醚化、酯化及缩醛化等化学反应，特别是缩醛化反应在工业上具有重要的意义，如对聚乙烯醇进行缩甲醛、苄基化等缩醛化处理后，可得到具有良好的耐水性和机械性能的维尼纶。聚乙烯醇缩甲醛还可应用于涂料、胶黏剂、海绵等方面，聚乙烯醇的缩丁醛产物在涂料、胶黏剂、安全玻璃等方面具有重要的应用。

聚乙烯醇缩醛化反应

$$\sim\sim CH_2\underset{\displaystyle OH}{\underset{|}{CH}}-CH_2\underset{\displaystyle OH}{\underset{|}{CH}}-CH_2\underset{\displaystyle OH}{\underset{|}{CH}}\sim\sim \xrightarrow[H^+]{RCHO} \sim\sim CH_2CH-CH_2CH-CH_2\underset{\displaystyle OH}{\underset{|}{CH}}\sim\sim$$

（产物中前两个 CH 上的 O 与同一个 C 相连，C 上连有 R 和 H：$-O-\underset{R\quad H}{C}-O-$）

4.19.3　实验仪器及药品

恒温水浴锅，机械搅拌器，球型冷凝管，滴液漏斗，四口烧瓶（250mL），滴管；

聚乙酸乙烯酯甲醇溶液（$w=25\%$），聚乙烯醇水溶液 1799（$w=10\%$），盐酸（$w=$

10%)，甲醛溶液（w=36%），氨水（体积分数 φ=1∶2），氢氧化钠的甲醇水溶液（w=6%），工业乙醇。

4.19.4 实验步骤

(1) 聚乙烯醇的制备

在装有搅拌器、球型冷凝管、温度计和滴液漏斗的四口烧瓶（参见图 4-15-1）中加入 100mL NaOH 甲醇溶液，在室温下缓慢滴加聚乙酸乙烯酯甲醇溶液 40g，约在 0.5h 内滴完。继续在室温下搅拌反应 2h 后，停止反应，抽滤，滤饼用工业乙醇洗涤 3 次，于 50℃下真空干燥得产物，计算产率。

(2) 聚乙烯醇缩醛化制备 107 胶

在装有机械搅拌器、球型冷凝管、温度计和滴液漏斗的四口烧瓶（见图 4-15-1）中加入 80mL 的质量百分数为 10%聚乙烯醇水溶液，加热至 80℃，在不断搅拌下，从温度计口用滴管滴加盐酸调节 pH 值至 1～2，然后约在 0.5h 内由滴液漏斗慢慢滴加甲醛水溶液 4mL，继续反应 0.5h 后，冷却至 60℃，用氨水调节 pH 值至 8～9 得产品。称取约 5g 产品于表面皿中，烘干，计算固含量。

表 4-19-1 为实验用原料参考配方与原料成本核算，可根据理论知识自选配方，并列于表中。

表 4-19-1 原料参考配方与原料成本核算

原料	Ⅰ 指定配方	Ⅱ 自选配方	原料单价 /万元·吨$^{-1}$	吨产品原料核算 单耗/kg	吨产品原料 成本合计
聚乙酸乙烯酯溶液	40g				
聚乙烯醇 1799(w=10%)	80mL				
盐酸					
甲醛水溶液	4mL				
氨水					
NaOH 甲醇溶液	100mL				
工业乙醇	200mL				

4.19.5 注意事项

(1) 聚乙酸乙烯酯甲醇溶液滴加速度不宜过快，否则易产生凝胶结块现象。

(2) 甲醛溶液滴加速度不宜过快，反应结束用氨水调节 pH 值至 8～9 才能得到稳定产品。

4.19.6 实验拓展与创新

(1) 开拓视野：聚乙烯醇缩醛化过程中的甲醛改换为葡萄糖，缩醛化反应物的水溶性会产生什么变化?

(2) 生产实际问题：聚乙烯醇缩醛化后的稀溶液用氨水调升 pH 值，如果发生延迟时，物料将会产生爬杆现象，如何处理?

4.19.7 思考题

(1) 聚乙烯醇的缩醛化反应，最多只能有约 80%的—OH 缩醛化，为什么?

(2) 为什么聚乙烯醇缩醛化反应物溶液要用氨水调节 pH 值至 8～9 后方可保存?

(3) 聚乙烯醇的缩醛化反应物中的甲醛用量增加一倍，能否使—OH 全部缩醛化?

实验 4.20　聚丙烯腈的部分水解反应

4.20.1　实验目的

（1）掌握聚丙烯腈的部分水解反应操作技术

（2）掌握催化剂和反应时间等操作条件对聚丙烯腈部分水解度的影响

（3）熟悉聚丙烯腈的部分水解反应原理

（4）了解阴离子聚丙烯酰胺的特性和用途

4.20.2　实验原理

聚丙烯腈（PAN）分子链上含有氰基（—C≡N）。氰基是一活泼基团，能发生许多化学反应，水解反应是研究得较多的反应之一。PAN 水解过程是在热、氧和机械搅拌作用下，在氰基水解的同时，聚合物主链也会发生不同程度的断链，使分子量下降的现象。PAN 可在酸性、碱性和高温加压条件下水解，分别得到含有酰胺基、羧基阴离子或羧酸的水解产物。水解产物具有絮凝及稳定作用，可作石油钻井泥浆稳定剂。

本实验采用碱性条件下水解，PAN 的部分水解产物含有酰胺基（$—CONH_2$）、羧酸钠（—COONa）及少量氰基（—CN），几种官能团的含量随着碱的用量、反应时间及反应温度等条件的变化而有所不同。

4.20.3　实验仪器及药品

机械搅拌器，温度计（0～100℃），三口烧瓶（250mL），球型冷凝管，三角烧瓶（250mL），烧杯（250mL），量筒（200mL）；

PAN 粉末（约 40 目），氢氧化钠，*N*,*N*-二甲基酰胺（DMF），蒸馏水。

4.20.4　实验步骤

（1）水解

在装有机械搅拌器、回流冷凝管和温度计的三口烧瓶中加入 6.1g NaOH，190mL 蒸馏水，开动搅拌，待 NaOH 完全溶解后，小心地加入 10g 经粉碎（约 40 目）的 PAN 粉末，加热升温至 96～98℃，反应物从白色变为棕红色，并逐步溶胀，有氮气放出，随着反应的进行，体系变为橙色，并呈现均相状态。继续反应 3h 后停止反应，将产物倒入 250mL 三角烧瓶中备用。

（2）红外光谱分析

取 20mL 水解产物加稀盐酸调节 pH 值至 3～4，则有白色沉淀产生，抽滤，并用甲醇洗涤沉淀物 4 次，将沉淀物放入 50℃的真空烘箱中干燥至恒重。取 PAN 用 DMF 为溶剂，甲醇为沉淀剂进行纯化，然后烘干至恒重。将经纯化、恒重的 PAN 和 PAN 水解产物分别进行红外光谱分析，对比其谱图中吸收峰的变化，并确定水解产物所含的官能团。

4.20.5　注意事项

（1）向烧碱水溶液中加入 PAN 粉末时，缓慢分批次，否则 PAN 粉末在烧碱水溶液中受热结块，造成水解反应缓慢。

（2）用 DMF 溶解 PAN 水解产物要完全，否则纯化的 PAN 水解产物依然夹杂小分子杂质。

4.20.6 实验拓展与创新

(1) 开拓视野　PAN经碱催化部分水解，制得的高分子链中含有氰基、酰胺基和羧基阴离子水解产物，其中氰基、酰胺基和羧基阴离子的含量与反应操作条件密切相关。如果希望制得类似于聚丙烯腈部分水解产物，而要求其中氰基、酰胺基和羧基阴离子的含量是确定的，并且氰基、酰胺基和羧基阴离子在其高分子链中的分布分别呈现无规、交替、嵌段状态，采用何种技术和方法处理？

(2) 实际应用　分别取2mL PAN水解产物溶液和100mL水沟的自然水，充分混合后，静置5min观察水质变化情况。然后改变PAN水解产物溶液和水沟的自然水比例，做同样的实验，观察结果。

4.20.7 思考题

(1) 为什么PAN可以水解？需要什么条件？

(2) 试比较PAN和PAN的水解产物的性质有什么不同？

(3) 用哪种方法可以测定部分水解PAN的水解度？

实验4.21　溶剂对淀粉羧甲基化反应的影响

4.21.1 实验目的

(1) 掌握淀粉醚化反应操作技术

(2) 掌握溶剂对淀粉醚化反应的影响

(3) 了解淀粉的特性和淀粉改性化学原理

(4) 了解羧甲基淀粉钠盐的特性和用途

4.21.2 实验原理

羧甲基淀粉钠，又称羧甲基淀粉钠盐或羧甲基淀粉醚钠盐，简写为CMS，它是一种重要的改性淀粉，其物理化学性质与羧甲基纤维素（CMC）相似，外观比CMC更加均匀细腻，生产成本更低，具有良好的水溶性、溶液透明性、保水性、高强度、高取代度和增稠性、乳化性、黏合性等性能，无毒无味，是一种新型的增稠剂、稳定剂和品质改良剂，在食品、造纸、纺织、黏合剂、化工医药和其他工业中的应用越来越广。CMS的合成方法主要有：有机溶剂法、水媒法、半固法和固法等，其中有机溶剂法可使反应物料始终为颗粒状态，避免淀粉发黏结块，可使醚化反应进行充分且比较均匀，所得产品含杂质较少。本实验采用有机溶剂法。

CMS是由淀粉与$CH_2ClCOOH$在碱性条件下发生双分子亲核取代反应而制得，反应可分为膨化和醚化两个阶段，其基本反应示意如下：

膨化反应

$$[C_6H_9O_4OH]_n + nNaOH \longrightarrow [C_6H_9O_4ONa]_n + nH_2O$$

$$ClCH_2CO_2H + NaOH \longrightarrow ClCH_2CO_2Na + H_2O$$

醚化反应

$$[C_6H_9O_4ONa]_n + ClCH_2CO_2Na \xrightarrow{\text{醇溶剂}} [C_6H_9O_4OCH_2COONa]_n + NaCl$$

除主反应外，$CH_2ClCOOH$还与NaOH发生如下副反应

$$ClCH_2CO_2H + 2NaOH \longrightarrow HOCH_2COONa + NaCl + H_2O$$

为抑制该副反应的发生，宜采用两次加碱法：一部分用于淀粉的预处理，使淀粉充分溶胀；一部分与 $CH_2ClCOOH$ 混合，以滴加方式加入反应体系。

4.21.3 实验仪器及药品

恒温水浴锅，机械搅拌器，四口烧瓶，球型冷凝管，恒压滴液漏斗；

淀粉，氯乙酸，氢氧化钠，异丙醇，乙醇，甲醇，盐酸（w=10%）。

4.21.4 实验步骤

（1）CMS 的合成

在带有搅拌和回流装置、温度计和滴液漏斗的四口烧瓶（见图 4-15-1）中，加入 50mL 乙醇/异丙醇混合溶剂和 4.4g NaOH 充分搅拌均匀后，在搅拌下分批加入 25g 淀粉，控制反应温度在 60～70℃下进行碱前处理约 0.5h。将余下的 3gNaOH 溶于尽量少的水中后，缓慢加入溶有 7g $ClCH_2COOH$ 的 30mL 乙醇/异丙醇混合溶剂中，混合均匀后加入滴液漏斗，在搅拌下于 30min 内滴入四口烧瓶中进行反应，期间保持反应温度在 60～70℃。反应 3h 后，冷却抽滤，用乙醇洗涤，得粉末状产品，将粗产品溶于适量的蒸馏水中，边搅拌边慢慢倒入到甲醇中沉淀，抽滤，先用乙醇，再用异丙醇洗涤 2～3 次，抽滤得白色粉末状的产品，真空干燥得产品。

表 4-21-1 为实验用原料参考配方与原料成本核算，可根据理论知识自选配方，并列于表中。

表 4-21-1 原料参考配方与原料成本核算

原料名称	Ⅰ 指定配方	Ⅱ 自选配方	原料单价 /万元·吨$^{-1}$	吨产品原料核算 单耗/kg	吨产品原料成本合计
淀粉	25g				
氯乙酸	7g				
NaOH	7.4g				
异丙醇					
乙醇					
甲醇					
盐酸					

（2）取代度测定

取代度是衡量 CMS 性能的重要指标之一，可采用酸碱滴定法测定 CMS 的取代度。先将 CMS 用稀盐酸酸化转变为酸性（即 HCMS），然后把过量的 HCl 洗掉，真空干燥得酸化的 HCMS 产品。将 HCMS 溶解在过量的标准 NaOH 溶液中，然后以酚酞为指示剂用标准酸返滴定，从返滴定的标准酸的消耗量计算出试样中—OCH_2COOH 的物质的量 B（mmol)，则取代度（Degree of Substitution，DS）为：

$$DS = \frac{0.162B}{(1-0.058B)}$$

式中，0.058 是 1mmol 的—OH 转变为—OCH_2COOH 所净增的相对分子质量。

改变混合溶剂组成，重复以上实验。记录不同溶剂组成条件下，所得羧甲基淀粉的取代度，作取代度-异丙醇含量曲线并解释之。

表 4-21-2 为 CMS 的取代度实验记录表，用不同组成的溶剂取得数据并列于表中。

表 4-21-2 CMS 的取代度实验

项 目	溶剂组成(乙醇/异丙醇的体积比)			
	100/0	50/50	25/75	0/100
取代度				

4.21.5 注意事项

(1) 分批加入淀粉要充分搅拌，防止淀粉团聚。

(2) CMS 取代度的测定时，最好是将先将 CMS 完全溶解于水中，再用盐酸酸化转变为酸性（即 HCMS)。

4.21.6 实验拓展与创新

淀粉在乙醇-异丙醇混合溶剂中 60～70℃下进行碱处理，如果一次性投入淀粉，会发生结块现象，为什么？遇到淀粉在乙醇-异丙醇混合溶剂中结块时，应该如何处理？

4.21.7 思考题

(1) 酸化后的 HCMS 如果加热干燥，会发现先变潮、最后凝结为坚硬的颗粒，其可能的原因是什么？

(2) 依据淀粉羧甲基化反应效果随混合溶剂组成而变化，有何理论解释？

(3) 淀粉不溶于水，而 CMS 易溶于水，为什么？

实验 4.22 丙烯腈-丁二烯-苯乙烯接枝共聚物(ABS 树脂)的合成

4.22.1 实验目的

(1) 掌握丙烯腈-苯乙烯乳液法与丁苯橡胶胶乳的接枝聚合操作技术

(2) 掌握乳化剂的选用和搅拌速度对阻止单体均聚的作用

(3) 掌握接枝效率的计算方法

(4) 了解乳液法接枝聚合的反应原理

4.22.2 实验原理

ABS 树脂是以聚丁二烯或丁二烯-苯乙烯共聚物为主链，丙烯腈-苯乙烯共聚物为支链的接枝共聚物。它既具有聚苯乙烯的刚性、易加工成型的优点，又有聚丁二烯的柔软链，具有较高的抗冲击性能，还有聚丙烯腈较好的耐热性与耐油性等特点，因此 ABS 树脂具有优良的综合性能。单体组成是影响共聚物性能的重要因素之一，一般丙烯腈的用量在 20%～30%，丁二烯在 6%～35%，苯乙烯在 45%～70%。

ABS 的合成工艺可有本体法、本体-悬浮法、乳液-本体法和乳液法等。目前使用最广泛的方法是乳液法。

ABS 树脂由于具有优良的抗冲击强度、抗蠕变性、弯曲性及表曲硬度，且价格便宜，可通过调节 3 种组分的比例获得不同性能的产物。因此，ABS 树脂品种很多，用途广泛，是最重要的通用工程塑料之一。

乳液法合成 ABS 树脂是一种链转移接枝反应法，其反应过程可示意如下。

(1) 引发剂（Ⅰ）分解产生初级自由基

$$\mathrm{I} \xrightarrow{\triangle} 2\mathrm{R}$$

(2) 初级自由基进攻高分子链

① 在双键上加成

$$R\cdot + \sim CH_2-CH=CH-CH_2\sim \longrightarrow \sim CH_2-\underset{\displaystyle R}{CH}-\dot{C}H-CH_2\sim$$

或

$$R\cdot + \sim CH-\underset{\displaystyle CH=CH_2}{CH}\sim \longrightarrow \sim CH-\underset{\displaystyle \dot{C}H-CH_2R}{CH}\sim$$

② 攻击 α-H，发生链转移

$$R\cdot + \sim CH_2-CH=CH-CH_2\sim \longrightarrow \sim \dot{C}H-CH=CH-CH_2\sim + RH$$

或

$$R\cdot + \sim CH-\underset{\displaystyle CH=CH_2}{CH}\sim \longrightarrow \sim CH-\underset{\displaystyle CH=CH_2}{\dot{C}}\sim + RH$$

③ 高分子链自由基引发接枝聚合（以其中一种方式为例）

$$\sim \dot{C}H-CH=CH-CH_2\sim + CH_2=\underset{\displaystyle C_6H_5}{CH} + CH_2=\underset{\displaystyle CN}{CH} \longrightarrow ABS$$

④ 初级自由基引发单体共聚或均聚

$$R\cdot + CH_2=\underset{\displaystyle C_6H_5}{CH} + CH_2=\underset{\displaystyle CN}{CH} \longrightarrow AS+PS+PAN$$

可见，反应过程中单体既可参与接枝共聚反应，也可发生均聚或共聚反应，参与两种反应的比例不同，所得树脂的性能也不同。可用接枝效率来表征单体参与两种反应的比例。

接枝效率＝(已接枝单体的质量－已聚合单体的质量)×100％

为了测定反应的接枝效率，必须将反应产物中的接枝共聚物和 AS 均共聚物及未接枝的橡胶进行分离，分离方法基于它们在溶解性上的差别，常用的有选择溶解法和选择沉淀法。

选择溶解法是利用不同溶剂处理反应产物，将体系中的 3 个组分逐个选择性地溶解出来，这种方法对分离物理性质差别明显的组分很有效。

选择沉淀法是以不同的沉淀剂与在不同溶剂中的反应产物溶液作用共聚物仍然保留在溶液中，而使 AS 共聚物与起始共聚物逐个沉淀出来。

典型的分离方法示意如下：

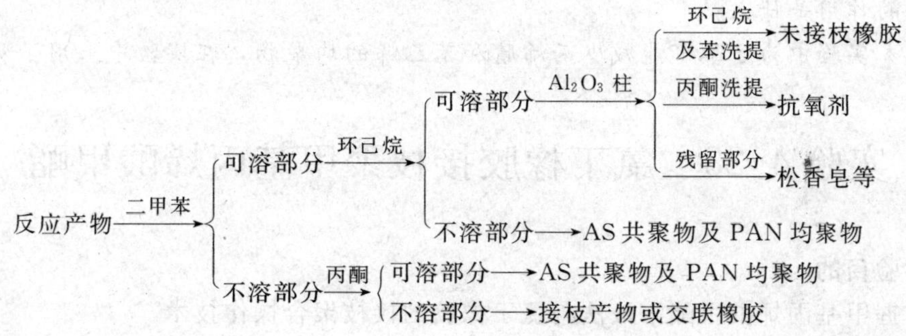

4.22.3 实验仪器及药品

恒温水浴锅，机械搅拌器，抽滤装置，球型冷凝管，三口烧瓶（250ml），滴液漏斗；

丁苯橡胶胶乳，丙烯腈，苯乙烯，过硫酸铵，亚硫酸氢钠，硬脂酸钾，浓盐酸（$w=20\%$）。

4.22.4 实验步骤

把丁苯橡胶胶乳加到三口烧瓶中，在不断搅拌下依次加入乳化剂硬脂酸钾、单体丙烯腈及苯乙烯和2/3的蒸馏水，继续搅拌0.5h，以使单体能充分地向胶乳粒子内部扩散，加热升温，待温度升至65℃，加入分别用1/3的蒸馏水溶解引发剂过硫酸钾和亚硫酸氢钠，用NaOH调节pH值为9～11，保持在65℃反应7h。在此期间，为维持乳液的稳定性，需每隔一定时间检测体系的pH值，并用NaOH进行调节。

表4-22-1为实验用原料配方与原料成本核算。按指定配方并根据理论知识自选配方，并列于表中，并进行成本核算。

表 4-22-1 原料参考配方与原料成本核算

原料名称	Ⅰ 指定配方	Ⅱ 自选配方	原料单价 /万元·吨$^{-1}$	吨产品原料核算 单耗/kg	吨产品原料 成本合计
丁苯橡胶胶乳(折合干胶)	10.5g				
丙烯腈	5.1g				
苯乙烯	18.4g				
$(NH_4)_2S_2O_8$	0.35g				
$NaHSO_3$	0.175g				
硬脂酸钾	0.21g				
浓盐酸($w=20\%$)					
水	105g				

单体转化程度的检测：用吸管吸取少量反应物，置于试管中，用蒸馏水稀释20倍以上，然后加入盐酸溶液，使胶乳胶凝，如果反应未完成，胶凝后上层溶液为白色混浊。如果单体已转化完全，则上层溶液澄清。反应完成后，将反应物倒入大烧杯中，用水稀释8倍，在搅拌下加入盐酸使胶乳胶凝，为使过滤更容易，可将已胶凝的反应物加热至沸腾，使乳液彻底破坏，为使沉淀粒子变大，可重复操作多次。过滤，洗涤至滤液呈中性，干燥，得到白色粉末状产物。

将产物分离，计算接枝效率。

4.22.5 实验拓展与创新

如果提前将丙烯腈和苯乙烯混合乳化后，然后再混入丁苯橡胶胶乳中进行聚合反应，请预测丙烯腈和苯乙烯的均聚物量是否会增加？

4.22.6 思考题

（1）查阅文献回答，共混法和接枝共聚法制备的ABS树脂在性能上有什么差别？接枝共聚最根本的作用是什么？

（2）在本实验中为了尽可能减少丙烯腈和苯乙烯的均聚物，在实验中采用了哪些措施？

实验4.23 氯丁橡胶接枝聚甲基丙烯酸甲酯

4.23.1 实验目的

（1）掌握甲基丙烯酸甲酯溶液法与氯丁橡胶的接枝聚合操作技术

（2）掌握接枝效率的计算方法

（3）了解溶液法接枝聚合的化学原理

4.23.2　实验原理

作为橡胶胶黏剂的主要品种，用于橡胶、金属、塑料、织物、皮革、木材等材料之间的黏接。为了改善氯丁橡胶对极性基材的黏结能力，特别是对聚氯乙烯、聚氨酯的黏结能力，可采用极性单体甲基丙烯酸甲酯（MMA）接枝共聚改性。

氯丁橡胶的接枝共聚反应一般在甲苯或甲苯与乙酸乙酯的混合溶剂中进行，用过氧化苯甲酰（BPO）为引发剂。其过程为自由基聚合反应，首先是引发剂分解生成初级自由基，初级自由基引发 MMA 均聚形成链自由基。初级自由基和链自由基都可向体系中的氯丁橡胶主链分子链转移，形成主链自由基，再引发 MMA 聚合，形成 MMA 支链大分子。

$$R\bullet + \sim CH_2-CH=\underset{\displaystyle Cl}{\underset{|}{C}}-CH_2\sim \longrightarrow \sim \dot{C}H-CH=\underset{\displaystyle Cl}{\underset{|}{C}}-CH_2\sim + RH$$

$$\sim \dot{C}H-CH=\underset{\displaystyle Cl}{\underset{|}{C}}-CH_2\sim + n\text{MMA} \longrightarrow \sim \underset{\underset{\displaystyle \wr}{\displaystyle (\text{MMA})_n}}{\underset{|}{C}H}-CH=\underset{\displaystyle Cl}{\underset{|}{C}}-CH_3\sim$$

4.23.3　实验仪器及药品

恒温水浴锅，机械搅拌器，球型冷凝管，恒压滴液漏斗，四口烧瓶（250mL）；

氯丁橡胶（A90），甲基丙烯甲酯（MMA），过氧化苯甲酰（BPO），甲苯，对苯二酚，四氢呋喃（THF）。

4.23.4　实验步骤

（1）接枝反应

将 18.7g 氯丁橡胶、140mL 甲苯加入到配有机械搅拌器、球型冷凝管、温度计和通 N_2 管的四口烧瓶（见图 4-15-1）中，开动搅拌，向体系通 N_2 排 O_2，并在 N_2 保护下加热至 40～50℃，待氯丁橡胶全部溶解后升温至 85℃，恒温后将温度计换成滴液漏斗，由滴液漏斗滴加 0.067g BPO 与 9.3g MMA 的混合物，1.5h 内滴完，然后继续反应 1.5h，此时可观察到体系黏度显著增大。冷却后加入 50mg 的阻聚剂对苯二酚，停止反应。

表 4-23-1 为实验用原料配方与原料成本核算。按指定配方并根据理论知识自选配方，并列于表中，并进行成本核算。

表 4-23-1　原料参考配方与原料成本核算

原料名称	Ⅰ 指定配方	Ⅱ 自选配方	原料单价 /万元·吨$^{-1}$	吨产品原料核算单耗/kg	吨产品原料成本合计
氯丁橡胶(A90)	18.7g				
MMA	9.3g				
BPO	67mg				
甲苯	140mL				
对苯二酚	50mg				

（2）单体转化率测定

称取少量聚合物（约 2.0g）于 70℃真空烘箱中干燥至恒重，以除去溶剂和未反应的单体，计算单体转化率。

（3）接枝效率的测定

称取一定量（m_1）经干燥的接枝产物，置于索氏抽提器中，以丙酮抽提12h，以除去MMA均聚物。然后在70℃真空干燥器中干燥至恒重（m_2），则接枝效率为（m_2/m_1）×100％。

（4）结构表征

抽提后的产物经THF溶解后，采用涂膜法进行红外光谱测定聚甲基丙烯酸甲酯支链的特征吸收峰存在。

4.23.5 实验拓展与创新

（1）为了尽可能减少MMA均聚物，在实验中还可以采用什么措施？

（2）如果在MMA中混入同等质量的甲基丙烯酸，甲基丙烯酸和MMA一起参与氯丁橡胶的接枝聚合过程，那么制得的接枝聚合物具有什么性质？

4.23.6 思考题

（1）影响接枝效率的因素主要有哪些？

（2）除了本实验采用的抽提法外，接枝效率还可以通过什么方法测定？

（3）在实际生产中，氯丁橡胶在甲苯中受热溶解，为什么要同时通N_2排O_2？

实验4.24 聚苯乙烯的氯甲基化及其与聚苯乙烯阴离子活性链的接枝反应

4.24.1 实验目的

（1）掌握聚苯乙烯的氯甲基化操作技术

（2）掌握苯乙烯阴离子活性聚合产物的封端方法和技术

（3）了解学习苯乙烯阴离子活性聚合的反应原理

（4）了解学习带有功能基高分子间的偶联反应合成接枝聚合物的化学原理和技术

4.24.2 实验原理

末端或侧基带有功能基团的高分子之间的偶联反应是合成接枝聚合物的重要方法之一，如果末端功能化聚合物为活性聚合所得的活性链时，由于活性聚合在聚合物分子结构控制方面的优势，可精确地控制支链高分子的分子量大小及其分布，因而在控制接枝聚合物的结构，进而控制接枝聚合物的性能方面具有独特的优势。其中活性聚合又以阴离子聚合最常用。

本实验首先利用苯乙烯阴离子活性聚合，获得分子量与分子量分布均可控的聚苯乙烯主链，然后进行氯甲基化反应，获得侧基功能化的聚苯乙烯，再使之与聚苯乙烯阴离子活性链偶联，从而获得梳形的接枝聚合物。

利用活性链和侧基功能化高分子之间的偶联反应合成接枝聚合物的关键是适当地控制反应条件，避免副反应，从而获得高的接枝效率。本实验中影响接枝效率的副反应主要是活性链所带金属离子与氯甲基之间的金属-卤原子交换反应，为抑制该副反应，提高接枝效率，可在接枝反应前用1,1-二苯基乙烯（DPE）对聚苯乙烯活性链进行封端，降低末端阴离子的反应活性。也有报道在聚异戊二烯阴离子活性链与氯甲基化聚苯乙烯的接枝反应体系中添加有机胺（如N,N,N',N'-四甲基乙二胺），也可抑制交换副反应的发生。此外，接枝反应的溶剂性质和反应温度等因素对接枝效率也有一定的影响。特别要注意的是，由于水可使阴离子活性链终止，因此需对氯甲基化聚苯乙烯进行严格的除水处理，如果除水效果不好，将严重地影响接枝效率。

合成路线示意如下：

（1）苯乙烯阴离子活性聚合

$$\text{sec-BuLi} + n\text{CH}_2{=}\text{CH(C}_6\text{H}_5) \longrightarrow \text{sec-Bu}{+}\text{CH}_2{-}\text{CH(C}_6\text{H}_5){+}_{n-1}\text{CH}_2{-}\text{CH(C}_6\text{H}_5){-}\text{Li}$$

<u>1</u>

（2）聚苯乙烯氯甲基化

$$\text{sec-Bu}{+}\text{CH}_2{-}\text{CH(C}_6\text{H}_5){+}_{n-1}\text{CH}_2{-}\text{CH(C}_6\text{H}_5){-}\text{Li} + \text{CH}_3\text{OH} \longrightarrow \text{sec-Bu}{+}\text{CH}_2{-}\text{CH(C}_6\text{H}_5){+}_{n-1}\text{CH}_2{-}\text{CH}_2\text{(C}_6\text{H}_5)$$

<u>1</u>

$$\text{sec-Bu}{+}\text{CH}_2{-}\text{CH(C}_6\text{H}_5){+}_{n-1}\text{CH}_2{-}\text{CH}_2\text{(C}_6\text{H}_5) + \text{ClCH}_2\text{OCH}_3 \longrightarrow \text{sec-Bu}{+}\text{CH}_2{-}\text{CH(C}_6\text{H}_4\text{CH}_2\text{Cl}){+}_{n-1}\text{CH}_2{-}\text{CH}_2\text{(C}_6\text{H}_5)$$

<u>2</u>

（3）DPE 封端

$$+\text{CH}_2{-}\text{CH(C}_6\text{H}_5){+}_{n-1}\text{CH}_2{-}\text{CH(C}_6\text{H}_5){-}\text{Li} + \text{DPE} \longrightarrow \text{sec-Bu}{+}\text{CH}_2{-}\text{CH(C}_6\text{H}_5){+}_{n-1}\text{CH}_2{-}\text{CH(C}_6\text{H}_5){-}\text{CH}_2{-}\text{C(C}_6\text{H}_5)_2{-}\text{Li}$$

<u>3</u>

（4）接枝反应

$$\underline{2} + \underline{3} \longrightarrow \text{sec-Bu}{+}\text{CH}_2{-}\text{CH(C}_6\text{H}_4{-}\text{H}_2\text{C}{-}\text{C(C}_6\text{H}_5)_2{-}\text{CH}_2{-}\text{CH(C}_6\text{H}_5){+}\text{CH(C}_6\text{H}_5){-}\text{CH}_2{+}_{n-1}\text{-sec-Bu}){+}_{n-1}\text{CH}_2{-}\text{CH}_2\text{(C}_6\text{H}_5)$$

4.24.3 实验仪器及药品

凝胶渗透色谱（GPC），磁力搅拌器，恒压滴液漏斗，三口烧瓶（250mL），圆底烧瓶（500mL）；

苯乙烯，1,1-二苯基乙烯（DPE），苯，仲丁基锂，四氯化碳，四氢呋喃（THF），氯甲基甲基醚（CMME），$AlCl_3$，1-硝基丙烷，甲醇。

4.24.4 实验步骤

表 4-24-1 为实验用原料配方与原料成本核算。按指定配方并根据理论知识自选配方，并列于表中，并进行成本核算。

表 4-24-1 原料配方与原料成本核算

原料名称	Ⅰ 指定配方	Ⅱ 自选配方	原料单价 /万元·吨$^{-1}$	吨产品原料核算 单耗/kg	吨产品原料成本合计
苯乙烯	8g				
DPE	1.2mmol				
苯	250mL				
四氢呋喃	200mL				
仲丁基锂	1.6mmol				
四氯化碳	250mL				
CMME	25mL				
$AlCl_3$	1.5g				
1-硝基丙烷	50mL				

（1）苯乙烯的阴离子活性聚合

聚合反应在带有三通活塞和磁力搅拌的 250mL 三口烧瓶中进行，整套装置经严格的除水除氧处理后，在氮气保护下用注射器分别向反应体系中加入 100mL 苯和 4g 苯乙烯，开动搅拌，加入 0.8mmol 的仲丁基锂引发聚合反应，反应在室温下进行，反应 4h 后，加入 1mL 经除氧处理的甲醇终止聚合反应。将反应物倒入甲醇中沉淀，过滤，再经苯复溶和甲醇沉淀纯化处理，制得聚合物真空干燥。作 GPC 测试。

（2）聚苯乙烯的氯甲基化反应

在 500mL 圆底烧瓶中加入 250mL 干燥的 CCl_4，取 2.5g 上述聚苯乙烯加入反应瓶中搅拌溶解后，加入 25mL CMME，然后加入溶有 1.5g$AlCl_3$ 的 50mL 1-硝基丙烷，在室温下搅拌 30min 后，加入 5mL 冰乙酸终止反应，旋转蒸发除去溶剂，所得聚合物溶于 $CHCl_3$，用相当于所用 $CHCl_3$ 体积 50%的冰乙酸萃取 3 次后，倒入甲醇中沉淀。过滤所得的沉淀用甲醇洗涤，在 P_2O_5 存在下真空干燥过夜，留待下步反应使用。

取少量样品作^{1}H NMR 测试，计算氯甲基化程度（物质的量分数）。另取少量样品作 GPC 测试。

（3）接枝反应

接枝反应在带有三通活塞、滴液漏斗和磁力搅拌的 250mL 四口烧瓶中进行，装置见图 4-15-1，氮气保护下进行，反应温度为 0℃。

① 不加 DPE　将氯甲基化聚苯乙烯（1.2mmol—CH_2Cl，即－CH_2Cl 含量约为活性链物质的量分数的 150%）溶于 30mL THF 待用。按步骤（1）方法制得的活性聚苯乙烯用 70mL THF 溶解，冷却至 0℃，然后在 30min 内将上述氯甲基化聚苯乙烯的 THF 溶液缓慢地滴入，滴完后继续反应 30min，加入 0.5mL 甲醇终止。反应产物体系经旋转蒸发浓缩后，倒入甲醇中沉淀。将所得沉淀用 THF 复溶，再用甲醇沉淀，提纯制得接枝产物1。取少量样品作 GPC 测试。由接枝聚合物和副产物的峰面积之比计算接枝效率。

② 加 DPE　在步骤（1）苯乙烯活性聚合完成后，加入溶解有 1.2mmol DPE 的 70mL THF，其余操作与①相同。经常规处理后得接枝产物2。取少量样品作 GPC 测试。计算接枝效率。

4.24.5　注意事项

（1）反应装置要经严格的除水除氧处理后，在氮气保护下完成仲丁基锂的取用。

（2）氯甲基甲基醚具有神经毒性，取用要在通风橱内完成，注意安全。

4.24.6　实验拓展与创新

本实验制得的是聚苯乙烯梳形接枝共聚物。如果希望产物1完成自身偶联反应，可以将采取何种措施或技术？

4.24.7　思考题

（1）比较接枝产物-1 和接枝产物-2 的 GPC 曲线并加以讨论。

（2）本实验是在无水无氧无二氧化碳条件下完成的，要使用高纯 N_2 保护，为什么？

（3）本实验中的氯化锂副产物是如何去除的？

参考文献

[1]　吴承佩，周彩华，贾方星．高分子化学实验［M］．合肥：安徽科学技术出版社，1989.

[2]　何卫东．高分子化学实验［M］．合肥：中国科学技术大学出版社，2003.

[3]　张举贤．高分子科学实验［M］．开封：河南大学出版社，1997.

[4]　复旦大学高分子科学系，高分子科学研究所．高分子实验技术［M］．修订版．上海：复旦大学出版社，1996.

[5]　韩哲文．高分子科学实验［M］．上海：华东理工大学出版社，2005.

[6]　潘祖仁．高分子化学［M］．第四版．北京：化学工业出版社，2007.

[7]　章云祥，方勤．水溶性高聚物的研究进展［J］．功能高分子学报，1997，(10)：102-109.

[8]　林剑雄，王小妹，麦堪成等．水溶性丙烯酸树脂的合成与表征［J］．塑料工业，2003，31 (1)：1-2.

[9]　梁晖，卢江．高分子化学实验［M］．北京：化学工业出版社，2004.

[10]　郭文录，吕秀波，国晓军等．功能单体改性苯丙乳液的合成研究［J］．合成材料老化与应用，2008，38 (1)：25-27.

[11]　张匀，王虹，张毅民．高固含量苯丙微乳液的制备［J］．化学工业与工程，2008，25 (1)：1-4.

[12]　张敏燕，张可达．聚乙酸乙烯酯与异氰酸酯反应的研究［J］．苏州大学学报（自然科学版），2006，22 (3)：71-75.

[13]　周科衍．有机化学实验技术［M］．北京：高等教育出版社，1992.

[14]　王忠，李雷权，付蕾等．高分子材料与工程专业实验教程［M］．西安：陕西人民出版社，2007.

[15]　杜奕．高分子化学实验与技术［M］．北京：清华大学出版社，2008.

[16]　沈新元．高分子材料与工程专业实验教程［M］．北京：中国纺织出版社，2010.

[17]　张兴英，李奇方．高分子科学实验［M］．第二版．北京：化学工业出版社，2007.

[18]　耿耀宗．涂料树脂化学及应用［M］．北京：中国轻工业出版社，1993.

[19]　厉蕾，左逢兴．塑料技术标准手册—树脂、制品、试验方法［M］．北京：化学工业出版社，1996.

[20]　周菊兴，董永棋．不饱和聚酯树脂—生产及应用［M］．北京：化学工业出版社，2000.

[21]　刘承美，邱进俊．现代高分子化学实验与技术［M］．武汉：华中科技大学出版社，2008.

[22]　王禹阶，崔鹏．玻璃钢与复合材料的生产及应用：有机、无机玻璃钢及其相关材料的综述［M］．合肥：合肥工业大学出版社，2005.

[23]　郭嘉，郑治超，舒伟．绿色环保型脲醛树脂胶黏剂的研究与展望［J］．中国胶黏剂．2006，15 (2)：40-44.

附录1　国际原子量表

原子序数	名称	符号	原子量	原子序数	名称	符号	原子量	原子序数	名称	符号	原子量
1	氢	H	1.0079	37	铷	Rb	85.4678	73	钽	Ta	180.9479
2	氦	He	4.00260	38	锶	Sr	87.62	74	钨	W	183.85
3	锂	Li	6.941	39	钇	Y	88.9059	75	铼	Re	186.207
4	铍	Be	9.01218	40	锆	Zr	91.22	76	锇	Os	190.2
5	硼	B	10.81	41	铌	Nb	92.9064	77	铱	Ir	192.22
6	碳	C	12.011	42	钼	Mo	95.94	78	铂	Pt	195.09
7	氮	N	14.0067	43	锝	Tc	[97][99]	79	金	Au	196.9665
8	氧	O	15.9994	44	钌	Ru	101.07	80	汞	Hg	200.59
9	氟	F	18.99840	45	铑	Rh	102.9055	81	铊	Tl	204.37
10	氖	Ne	20.179	46	钯	Pd	106.4	82	铅	Pb	207.2
11	钠	Na	22.98977	47	银	Ag	107.868	83	铋	Bi	208.9804
12	镁	Mg	24.305	48	镉	Cd	112.41	84	钋	Po	[210]
13	铝	Al	26.98154	49	铟	In	114.82	85	砹	At	[209]
14	硅	Si	28.0855	50	锡	Sn	118.69	86	氡	Rn	[210]
15	磷	P	30.97376	51	锑	Sb	121.75	87	钫	Fr	[222]
16	硫	S	32.06	52	碲	Te	127.60	88	镭	Ra	[223]
17	氯	Cl	35.453	53	碘	I	126.9045	89	锕	Ac	226.0254
18	氩	Ar	39.948	54	氙	Xe	131.30	90	钍	Th	227.0278
19	钾	K	39.098	55	铯	Cs	132.9054	91	镤	Pa	232.038
20	钙	Ca	40.08	56	钡	Ba	137.33	92	铀	U	231.0359
21	钪	Sc	44.9559	57	镧	La	138.9055	93	镎	Np	238.029
22	钛	Ti	47.90	58	铈	Ce	140.12	94	钚	Pu	237.0482
23	钒	V	50.9415	59	镨	Pr	140.9077	95	镅	Am	[239]
24	铬	Cr	51.996	60	钕	Nd	144.24	96	锔	Cm	[244]
25	锰	Mn	54.9380	61	钷	Pm	[145]	97	锫	Bk	[243]
26	铁	Fe	55.847	62	钐	Sm	150.4	98	锎	Cf	[247]
27	钴	Co	58.9332	63	铕	Eu	151.96	99	锿	Es	[247]
28	镍	Ni	58.70	64	钆	Gd	157.25	100	镄	Fm	[251]
29	铜	Cu	63.546	65	铽	Tb	158.9254	101	钔	Md	[254]
30	锌	Zn	65.38	66	镝	Dy	162.50	102	锘	No	[257]
31	镓	Ga	69.72	67	钬	Ho	164.9304	103	铹	Lr	[258]
32	锗	Ge	72.59	68	铒	Er	167.26	104		Unq	[259]
33	砷	As	74.9216	69	铥	Tm	168.9342	105		Unp	[260]
34	硒	Se	78.96	70	镱	Yb	173.04	106		Unh	[261]
35	溴	Br	79.904	71	镥	Lu	174.967	107			[262]
36	氪	Kr	83.80	72	铪	Hf	178.49				[263]

附录2 基本物理常数

物理常数	符号	最佳实验值	供计算用值
真空中光速	c	$(299792458 \pm 1.2)\mathrm{m \cdot s^{-1}}$	$3.00\times10^{8}\mathrm{m \cdot s^{-1}}$
引力常数	G_0	$(6.6720 \pm 0.0041)\times10^{-11}\mathrm{m^3 \cdot s^{-2}}$	$6.67\times10^{-11}\mathrm{m^3 \cdot s^{-2}}$
阿伏加德罗(Avogadro)常数	N_0	$(6.022045 \pm 0.000031)\times10^{23}\mathrm{mol^{-1}}$	$6.02\times10^{23}\mathrm{mol^{-1}}$
普适气体常数	R	$(8.31441 \pm 0.00026)\mathrm{J \cdot mol^{-1} \cdot K^{-1}}$	$8.31\mathrm{J \cdot mol^{-1} \cdot K^{-1}}$
玻尔兹曼(Boltzmann)常数	k	$(1.380662 \pm 0.000041)\times10^{-23}\mathrm{J \cdot K^{-1}}$	$1.38\times10^{-23}\mathrm{J \cdot K^{-1}}$
理想气体物质的量体积	V_m	$(22.41383 \pm 0.00070)\times10^{-3}$	$22.4\times10^{-3}\mathrm{m^3 \cdot mol^{-1}}$
基本电荷(元电荷)	e	$(1.6021892 \pm 0.0000046)\times10^{-19}\mathrm{C}$	$1.602\times10^{-19}\mathrm{C}$
原子质量单位	u	$(1.6605655 \pm 0.0000086)\times10^{-27}\mathrm{kg}$	$1.66\times10^{-27}\mathrm{kg}$
电子静止质量	m_e	$(9.109534 \pm 0.000047)\times10^{-31}\mathrm{kg}$	$9.11\times10^{-31}\mathrm{kg}$
电子荷质比	e/m_e	$(1.7588047 \pm 0.0000049)\times10^{-11}\mathrm{C \cdot kg^{-2}}$	$1.76\times10^{-11}\mathrm{C \cdot kg^{-2}}$
质子静止质量	m_p	$(1.6726485 \pm 0.0000086)\times10^{-27}\mathrm{kg}$	$1.673\times10^{-27}\mathrm{kg}$
中子静止质量	m_n	$(1.6749543 \pm 0.0000086)\times10^{-27}\mathrm{kg}$	$1.675\times10^{-27}\mathrm{kg}$
法拉第常数	F	$(9.648456 \pm 0.000027)\mathrm{C \cdot mol^{-1}}$	$96500\mathrm{C \cdot mol^{-1}}$
真空电容率	ε_0	$(8.854187818 \pm 0.000000071)\times10^{-12}\mathrm{F \cdot m^{-2}}$	$8.85\times10^{-12}\mathrm{F \cdot m^{-2}}$
真空磁导率	μ_0	$12.5663706144 \pm 10^{-7}\mathrm{H \cdot m^{-1}}$	$4\pi\mathrm{H \cdot m^{-1}}$
电子磁矩	μ_e	$(9.284832 \pm 0.000036)\times10^{-24}\mathrm{J \cdot T^{-1}}$	$9.28\times10^{-24}\mathrm{J \cdot T^{-1}}$
质子磁矩	μ_p	$(1.4106171 \pm 0.0000055)\times10^{-23}\mathrm{J \cdot T^{-1}}$	$1.41\times10^{-23}\mathrm{J \cdot T^{-1}}$
玻尔(Bohr)半径	α_0	$(5.2917706 \pm 0.0000044)\times10^{-11}\mathrm{m}$	$5.29\times10^{-11}\mathrm{m}$
玻尔(Bohr)磁子	μ_B	$(9.274078 \pm 0.000036)\times10^{-24}\mathrm{J \cdot T^{-1}}$	$9.27\times10^{-24}\mathrm{J \cdot T^{-1}}$
核磁子	μ_N	$(5.059824 \pm 0.000020)\times10^{-27}\mathrm{J \cdot T^{-1}}$	$5.05\times10^{-27}\mathrm{J \cdot T^{-1}}$
普朗克(Planck)常数	h	$(6.626176 \pm 0.000036)\times10^{-34}\mathrm{J \cdot s}$	$6.63\times10^{-34}\mathrm{J \cdot s}$
精细结构常数	a	$7.2973506(60)\times10^{-3}$	
里德伯(Rydberg)常数	R	$1.097373177(83)\times10^{7}\mathrm{m^{-1}}$	
电子康普顿(Compton)波长		$2.4263089(40)\times10^{-12}\mathrm{m}$	
质子康普顿(Compton)波长		$1.3214099(22)\times10^{-15}\mathrm{m}$	
质子电子质量比	m_p/m_e	1836.1515	

注：本表选自冯端编著《固体物理学大辞典》，高等教育出版社，1995。

附录3 压痕直径与布氏硬度对照表

压痕直径 d_{10}、$2d_5$ 或 $4d_{2.5}$/mm	布氏硬度 HB(在下列载荷 P/kgf 下)			压痕直径 d_{10}、$2d_5$ 或 $4d_{2.5}$/mm	布氏硬度 HB(在下列载荷 P/kgf 下)		
	$30D^2$	$10D^2$	$2.5D^2$		$30D^2$	$10D^2$	$2.5D^2$
2.00	(945)	(316)		2.80	477	159	
2.05	(899)	(300)		2.85	461	154	
2.10	(856)	(286)		2.90	444	148	
2.15	(817)	(272)		2.95	429	143	
2.20	(780)	(260)		3.00	415	138	34.6
2.25	(745)	(248)		3.02	409	136	34.1
2.30	(712)	(238)		3.04	404	134	33.7
2.35	(682)	(228)		3.06	398	133	33.2
2.40	(653)	(218)		3.08	393	131	32.7
2.45	(627)	(208)		3.10	388	129	32.3
2.50	601	200		3.12	383	128	31.9
2.55	578	193		3.14	378	126	31.5
2.60	555	185		3.16	373	124	31.1
2.65	534	178		3.18	368	123	30.7
2.70	515	171		3.20	363	121	30.3
2.75	495	165		3.22	359	120	29.9

续表

压痕直径 d_{10}、$2d_5$ 或 $4d_{2.5}$/mm	布氏硬度 HB(在下列载荷 P/kgf 下) 30D^2	10D^2	2.5D^2	压痕直径 d_{10}、$2d_5$ 或 $4d_{2.5}$/mm	布氏硬度 HB(在下列载荷 P/kgf 下) 30D^2	10D^2	2.5D^2
3.24	354	118	29.5	4.38	189	63.0	15.8
3.26	350	117	29.2	4.40	187	62.4	15.6
3.28	345	115	28.8	4.42	185	61.8	15.5
3.30	341	114	28.4	4.44	184	61.2	15.3
3.32	337	112	28.1	4.46	182	60.6	15.2
3.34	333	111	27.7	4.48	180	60.1	15.0
3.36	329	110	27.4	4.50	179	59.5	14.9
3.38	325	108	27.1	4.52	177	59.0	14.7
3.40	321	107	26.7	4.54	175	58.4	14.6
3.42	317	106	26.4	4.56	174	57.9	14.5
3.44	313	104	26.1	4.58	172	57.3	14.3
3.46	309	103	25.8	4.60	170	56.8	14.2
3.48	306	102	25.5	4.62	169	56.3	14.1
3.50	302	101	25.2	4.64	167	55.8	13.9
3.52	298	99.5	24.9	4.66	166	55.3	13.8
3.54	295	98.3	24.6	4.68	164	54.8	13.7
3.56	292	97.2	24.3	4.70	163	54.3	13.6
3.58	288	96.1	24.0	4.72	161	53.8	13.4
(3.60)	285	95.0	23.7	4.74	160	53.3	13.3
3.62	282	93.9	23.5	4.76	158	52.8	13.2
3.64	278	92.8	23.2	4.78	157	52.3	13.1
3.66	275	91.8	22.9	4.80	156	51.9	13.0
3.68	272	90.7	22.7	4.82	154	51.4	12.9
3.70	269	89.7	22.4	4.84	153	51.0	12.8
3.72	266	88.7	22.2	4.86	152	50.5	12.6
3.74	263	87.7	21.9	4.88	150	50.1	12.5
3.76	260	86.8	21.7	4.90	149	49.6	12.4
3.78	257	85.8	21.5	4.92	148	49.2	12.3
3.80	255	84.9	21.2	4.94	146	48.8	12.2
3.82	252	84.0	21.0	4.96	145	48.4	12.1
3.84	249	83.0	20.8	4.98	144	47.9	12.0
3.86	246	82.1	20.5	5.00	143	47.5	11.9
3.88	244	81.3	20.3	5.05	140	46.5	11.6
3.90	241	80.4	20.1	5.10	137	45.5	11.4
3.92	239	79.6	19.9	5.15	134	44.6	11.2
3.94	236	78.7	19.7	5.20	131	43.7	10.9
3.96	234	77.9	19.5	5.25	128	42.8	10.7
3.98	231	77.1	19.3	5.30	126	41.9	10.5
4.00	229	76.3	19.1	5.35	123	41.0	10.3
4.02	226	75.5	18.9	5.40	121	40.2	10.1
4.04	224	74.7	18.7	5.45	118	39.4	9.9
4.06	222	73.9	18.5	5.50	116	38.6	9.7
4.08	219	73.2	18.3	5.55	114	37.9	9.5
4.10	217	72.4	18.1	5.60	111	37.1	9.3
4.12	215	71.7	17.9	5.65	109	36.4	9.1
4.14	213	71.0	17.7	5.70	107	35.7	8.9
4.16	211	70.2	17.6	5.75	105	35.0	8.8
4.18	209	69.5	17.4	5.80	103	34.3	8.6
4.20	207	68.8	17.2	5.85	101	33.7	8.4
4.22	204	68.2	17.0	5.90	99.2	33.1	8.3
4.24	202	67.5	16.9	5.95	97.3	32.4	8.1
4.26	200	66.8	16.7	6.00	95.5	31.8	8.0
4.28	198	66.2	16.5	6.10	(92.0)		
4.30	197	65.5	16.4	6.20	(88.7)		
4.32	195	64.9	16.2	6.30	(85.5)		
4.34	193	64.2	16.1	6.40	(82.5)		
4.36	191	63.6	15.9	6.45	(81.0)		

注：1. 表中压痕直径为 ϕ10mm 钢球的试验数值，如用 ϕ5mm 或 ϕ2.5mm 钢球试验时，则所得压痕直径应分别增加 2 倍或 4 倍。例如，用 ϕ5mm 钢球在 750kg 载荷作用下所得压痕直径为 1.65mm，则在查表时应采用 3.30mm（即 1.65×2＝3.30），而其相应硬度值为 341。

2. 根据 GB 231—63 规定，压痕直径的大小应在 $0.25D < d < 0.6D$ 范围，故表中对此范围以外的硬度值均加括号“( )”，仅供参考。

3. 表中未列出压痕直径的 HB 可根据其上下两数值用内插法计算求得。

附录4 部分钢材牌号

	牌号	等级	脱氧方法	GB 700—88	GB 700—79	
碳素结构钢牌号及其新旧标准牌号对照	Q195		F、b、Z	不分等级,化学成分和力学性能(抗拉强度、伸长率和冷弯)均须保证,但轧制薄板和盘条之类产品,力学性能的保证项目,根据产品特点和使用要求,可在有关标准中另行规定	1号钢	Q195的化学成分与本标准1号钢的乙类钢B1同,力学性能(抗拉强度,伸长率和冷弯)与甲类钢A1同(A1的冷弯试验是附加保证条件)。1号钢没有特类钢
	Q215	A	F、b、Z	A级	A2	(附加保证常温冲击试验,U形缺口)
		B		B级(做常温冲击试验,V形缺口)	C2	(附加保证常温或－20℃冲击试验,U形缺口)
	Q235	A	F、b、Z	A级(不做冲击试验)	A3	
		B		B级(做常温冲击试验,V形缺口)	C3	
		C	Z	C级(作为重要焊接结构用)	—	
		D	T、Z	D级(作为重要焊接结构用)	—	
	Q255	A	F、b、Z	A级	A4	(附加保证冲击试验,U形缺口)
		B		B级(做常温冲击试验,V形缺口)	C4	
	Q275		b、Z	不分等级,化学成分和力学性能均须保证	C5	

	低合金高强度结构钢牌号(根据GB/T 1591—94)					一般用途低合金结构钢牌号(根据GB 1591—88)
	质量等级					
	A	B	C	D	E	
新旧低合金结构钢标准牌号对照	Q295					09Mn、V09MnNb、09Mn2、12Mn
			Q345			12MnV、14MnNb、16Mn、16MnRE、18Nb
			Q390			15MnV、15MnTi、16MnNb
			Q420			15MnVN、14MnVTiRE
		Q460				

优质碳素结构钢牌号(根据GB/T 699—99)

序号	1	2	3	4	5	6	7	8	9	10	11
牌号	08F	10F	15F	0.8	10	15	20	25	30	35	40
序号	12	13	14	15	16	17	18	19	20	21	22
牌号	45	50	55	60	65	70	75	80	85	15Mn	20Mn
序号	23	24	25	26	27	28	29	30	31		
牌号	25Mn	30Mn	35Mn	40Mn	45Mn	50Mn	60Mn	65Mn	70Mn		

碳素工具钢牌号(根据GB/T 1298—86)

序号	1	2	3	4	5	6	7	8
牌号	T7	T8	T8Mn	T9	T10	T11	T12	T13

续表

易切削钢牌号(根据 GB/T 8731—88)

序号	1	2	3	4	5	6	7	8	9
牌号	Y12	Y12Pb	Y15	Y15Pb	Y20	Y30	Y35	Y40Mn	Y45Ca

轴承钢牌号(根据 GB 3203—82)

序号	1	2	3	4	5	6
牌号	G20CrMo	G20CrNiMo	G20CrNi2Mo	G20Cr2Ni4	G10CrNi3Mo	G20Cr2Mn2Mo

冷镦钢牌号(根据 GB 6478—88)

序号	1	2	3	4	5	6	7
牌号	ML08	ML10	ML15	ML20	ML25	ML30	ML35
序号	8	9	10	11	12	13	14
牌号	ML40	ML45	ML25Mn	ML30Mn	ML35Mn	ML40Mn	ML45Mn

弹簧钢牌号(根据 GB 1222—84)

序号	1	2	3	4	5	6
牌号	65	70	85	65Mn	55Si2Mn	55Si2MnB
序号	7	8	9	10	11	12
牌号	55SiMnVB	60Si2M	60Si2MA	60Si2CrV	60Si2CrVA	55CrMnA

高速工具钢牌号(根据 GB 9943—88)

序号	1	2	3	4
牌号	W18Cr4V	W18Cr4VCo5	W18Cr4VCo8	W12Cr4V5Co5
序号	5	6	7	8
牌号	W6Mo5Cr4V2	CW6Mo5Cr4V2	W6Mo5Cr4V3	CW6Mo5Cr4V3
序号	9	10	11	12
牌号	W2Mo9Cr4V2	W6Mo5Cr4V2Co5	W7Mo4Cr4V2Co5	W2Mo9Cr4VCo8
序号	13	14		
牌号	W9Mo3Cr4V	W6Mo5Cr4V2Al		

合金结构钢牌号(根据 GB 3077—88)

钢号	Mn						MnV
序号	1	2	3	4	5	6	7
牌号	20Mn2	30Mn2	35Mn2	40Mn2	45Mn2	50Mn2	20MnV
钢号	MnMoW	SiMn			SiMnMoV		
序号	8	9	10	11	12	13	14
牌号	30Mn2MoW	27SiMn	35SiMn	42SiMn	20SiMn2MoV	25SiMn2MoV	37SiMn2MoV
钢号	B			MnB			MnMoB
序号	15	16	17	18	19	20	21
牌号	40B	45B	50B	40MnB	45MnB	20MnB2B	20MnMoB
钢号	MnVB			MnTiB		SiMnVB	Cr
序号	22	23	24	25	26	27	28
牌号	15MnVB	20MnVB	40MnVB	20MnTiB	25MnTiBRE	20SiMnVB	15Cr
钢号	Cr						
序号	29	30	31	32	33	34	35
牌号	15CrA	20Cr	30Cr	35Cr	40Cr	45Cr	50Cr
钢号	CrMo						
序号	36	37	38	39	40	41	42
牌号	12CrMo	15CrMo	20CrMo	30CrMo	30CrMoA	35CrMo	42CrMo

续表

合金工具钢牌号(根据 GB 1299—85)						
钢组	量具刃具用钢					
钢号	9SiCr	8MnSi	Cr06	Cr2	9Cr2	W
钢组	耐冲击工具用钢					
钢号	4CrW2Si	5CrW2Si	6CrW2Si			
钢组	冷作模具钢					
钢号	Cr12	Cr12Mo1V1	Cr12MoV	Cr5Mo1V	9Mn2V	CrWMn
钢组	冷作模具钢					
钢号	9CrWMn	Cr4W2MoV	6Cr4W3Mo2VNb	6W6Mo5Cr4V		
钢组	热作模具钢					
钢号	5CrMnMo	5CrNiMo	3Cr2W8V	5Cr4Mo3SiMnVAl	3Cr3Mo3W2V	5Cr4Mo5Wo2V
	8Cr3	4CrMnSiMoV	4Cr3Mo3SiV	4Cr5MoSiV	4Cr5MoSiV1	4Cr5W2VSi
钢组	无磁模具钢					
钢号	7Mn15Cr2Al3V2WMo					
钢组	塑料模具钢					
钢号	3Cr2Mo					

主要不锈钢新旧标准牌号对照及国内外牌号对比

序号	中国		日本 JIS	美国 ASTM	德国 DIN	欧盟 BSEN
	旧牌号(GBT 1221)	新牌号(GB 20878)				
奥氏体不锈钢						
1	1Cr17Mn6Ni5N	12Cr17Mn6Ni5N	SUS201	201	X12CrMnNiN17-7-5	1.4372
2	1Cr18Mn8Ni5N	12Cr18Mn9Ni5N	SUS202	202	X12CrMnNiN18-9-5	1.4373
3	1Cr17Ni7	12Cr17Ni7	SUS301	301	X5CrNi17-7	1.4319
4	0Cr18Ni9	06Cr19Ni10	SUS304	304	X5CrNi18-10	1.4301
5	00Cr19Ni10	022Cr19Ni10	SUS304L	304L	X2CrNi19-11	1.4306
6	0Cr19Ni9N	06Cr19Ni10N	SUS304N1	304N	X5CrNiN19-9	1.4315
7	0Cr19Ni10NbN	06Cr19Ni9NbN	SUS304N2	XM21		
8	00Cr18Ni10N	022Cr19Ni10N	SUS304LN	304LN	X2CrNiN18-10	
9	1Cr18Ni12	10Cr18Ni12	SUS305	305	X4CrNi18-12	1.4303
10	0Cr23Ni13	06Cr23Ni13	SUS309S	309S	X12CrNi23-13	1.4833
11	0Cr25Ni20	06Cr25Ni20	SUS310S	310S	X8CrNi25-21	1.4845
12	0Cr17Ni12Mo2	06Cr17Ni12Mo2	SUS316	316	X5CrNiMo17-12-2	1.4401
奥氏体-铁素体型不锈钢(双相不锈钢)						
13	0Cr26Ni5Mo2		SUS329J1	329	X2CrNiMoN29-7-2	1.4477
14	00Cr18Ni5Mo3Si2	022Cr19Ni5Mo3Si2N	SUS329J3L		X2CrNiMoN22-5-3	1.4462
铁素体型不锈钢						
15	0Cr13Al	06Cr13Al	SUS405	405	X6CrAl13	1.4002
16		022Cr11Ti	SUH409	409	X2CrTi12	1.4512
17	00Cr12	022Cr12	SUS410L			
18	1Cr17	10Cr17	SUS430	430	X6Cr17	1.4016
19	1Cr17Mo	10Cr17Mo	SUS434	434	X6CrMo17-1	1.4113
20		022Cr18NbTi			X2CrTiNb18	1.4509
21	00Cr18Mo2	019Cr19Mo2NbTi	SUS444	444	X2CrMoTi18-2	1.4521
马氏体型不锈钢						
22	1Cr12	12Cr12	SUS403	403		
23	1Cr13	12Cr13	SUS410	410	X12Cr13	1.4006
24	2Cr13	20Cr13	SUS420J1	420	X20Cr13	1.4021
25	3Cr13	30Cr13	SUS420J2		X30Cr13	1.4028
26	7Cr17	68Cr17	SUS440A	440A		

附录5 常用有机溶剂的物理常数

溶 剂	mp	bp	D_4^{20}	n_D^{20}	ε	R_D	μ
Acetic acid 乙酸	17	118	1.049	1.3716	6.15	12.9	1.68
Acetone 丙酮	−95	56	0.788	1.3587	20.7	16.2	2.85
Acetonitrile 乙腈	−44	82	0.782	1.3441	37.5	11.1	3.45
Anisole 苯甲醚	−3	154	0.994	1.5170	4.33	33	1.38
Benzene 苯	5	80	0.879	1.5011	2.27	26.2	0.00
Carbon disulfide 二硫化碳	−112	46	1.274	1.6295	2.6	21.3	0.00
Carbon tetrachloride 四氯化碳	−23	77	1.594	1.4601	2.24	25.8	0.00
Chlorobenzene 氯苯	−46	132	1.106	1.5248	5.62	31.2	1.54
Chloroform 氯仿	−64	61	1.489	1.4458	4.81	21	1.15
Cyclohexane 环己烷	6	81	0.778	1.4262	2.02	27.7	0.00
Dibutyl ether 丁醚	−98	142	0.769	1.3992	3.1	40.8	1.18
o-Dichlorobenzene 邻二氯苯	−17	181	1.306	1.5514	9.93	35.9	2.27
1,2-Dichloroethane 1,2-二氯乙烷	−36	84	1.253	1.4448	10.36	21	1.86
Dichloromethane 二氯乙烷	−95	40	1.326	1.4241	8.93	16	1.55
Diethylamine 二乙胺	−50	56	0.707	1.3864	3.6	24.3	0.92
Diethyl ether 乙醚	−117	35	0.713	1.3524	4.33	22.1	1.30
N,*N*-Dimethylformamide *N*,*N*-二甲基甲酰胺	−60	152	0.945	1.4305	36.7	19.9	3.86
Dimethyl sulfoxide 二甲基亚砜	19	189	1.096	1.4783	46.7	20.1	3.90
1,4-Dioxane 1,4-二氧六环	12	101	1.034	1.4224	2.25	21.6	0.45
Ethanol 乙醇	−114	78	0.789	1.3614	24.5	12.8	1.69
Ethyl acetate 乙酸乙酯	−84	77	0.901	1.3724	6.02	22.3	1.88
Ethyl benzoate 苯甲酸乙酯	−35	213	1.050	1.5052	6.02	42.5	2.00
Formamide 甲酰胺	3	211	1.133	1.4475	111.0	10.6	3.37
Isopropyl alcohol 异丙醇	−90	82	0.786	1.3772	17.9	17.5	1.66
isopropyl ether 异丙醚	−60	68.4	1.3679	1.36			
Methanol 甲醇	−98	65	0.791	1.3284	32.7	8.2	1.70
2-Methyl-2-propanol 2-甲基-2-丙醇	26	82	0.786	1.3877	10.9	22.2	1.66
Nitrobenzene 硝基苯	6	211	1.204	1.5562	34.82	32.7	4.02
Nitromethane 硝基甲烷	−28	101	1.137	1.3817	35.87	12.5	3.54
Pyridine 吡啶	−42	115	0.983	1.5102	12.4	24.1	2.37
tert-butyl alcohol 叔丁醇	25.5	82.5	0.78	1.3878			
Tetrahydrofuran 四氢呋喃	−109	66	0.888	1.4072	7.58	19.9	1.75
Toluene 甲苯	−95	111	0.867	1.4969	2.38	31.1	0.43
Trichloroethylene 三氯乙烯	−86	87	1.465	1.4767	3.4	25.5	0.81
Triethylamine 三乙胺	−115	90	0.726	1.4010	2.42	33.1	0.87
Trifluoroacetic acid 三氟乙酸	−15	72	1.489	1.2850	8.55	13.7	2.26
Water 水	0	100	0.998	1.3330	80.1	3.7	1.82

注：mp 熔点，bp 沸点，D_4^{20} 密度，n_D^{20} 折射率，ε 介电常数，R_D物质的量折射率，μ 偶极矩。

附录6　水在不同温度下的折射率、黏度和介电常数

温度/℃	折射率 n_D	黏度 $\eta/\times10^3 kg\cdot m^{-1}\cdot s^{-1}$	介电常数 ε
0	1.33395	1.7702	87.74
5	1.33388	1.5108	85.76
10	1.33369	1.3039	83.83
15	1.33339	1.3174	81.95
20	1.33300	1.0019	80.10
21	1.33290	0.9764	79.73
22	1.33280	0.9532	79.38
23	1.33271	0.9310	79.02
24	1.33261	0.9100	78.65
25	1.33250	0.8903	78.30
26	1.33240	0.8703	77.94
27	1.33229	0.8512	77.60
28	1.33217	0.8328	77.24
29	1.33206	0.8145	76.90
30	1.33194	0.7973	76.55
35	1.33131	0.7190	74.83
40	1.33061	0.6526	73.15
45	1.32985	0.5972	71.51
50	1.32904	0.5468	69.91
55	1.32817	0.5042	68.35
60	1.32725	0.4669	66.82

附录7　标准筛目数与粒度对照表

目数	粒度/μm	目数	粒度/μm	目数	粒度/μm
5	3900	120	124	1100	13
10	2000	140	104	1300	11
16	1190	170	89	1600	10
20	840	200	74	1800	8.0
25	710	230	61	2000	6.5
30	590	270	53	2500	5.5
35	500	325	44	3000	5.0
40	420	400	38	3500	4.5
45	350	460	30	4000	3.4
50	297	540	26	5000	2.7
60	250	650	21	6000	2.5
80	178	800	19	7000	1.25
100	150	900	15		

注："目"为非标准单位，为了使用方便，经验的换算公式为：粒度 d(mm)=16/目数。

附录 8　某些表面活性剂的 HLB 值

中　文　名	商品名	类型	HLB
失水山梨醇三油酸酯	Span 85	非离子	1.8
聚氧乙烯山梨醇六硬脂酸酯	Atlas G-1050	非离子	2.6
乙二醇脂肪酸酯	Emcol EO-50	非离子	2.7
聚氧乙烯山梨醇蜂蜡衍生物	Atlas G-1704	非离子	3.0
丙二醇单硬脂酸酯	"Pure"(纯)	非离子	3.4
乙二醇脂肪酸酯	Emcol EL-50	非离子	3.6
失水山梨醇倍半油酸酯	Arlacel C	非离子	3.7
单硬脂酸甘油酯	"Pure"(纯)	非离子	3.8
聚氧乙烯山梨醇蜂蜡衍生物	AriasG-1727	非离子	4.0
丙二醇单月桂酸酯	Atlas G-917	非离子	4.5
失水山梨醇单硬脂酸酯	Span 60	非离子	4.7
聚氧乙烯山梨醇蜂蜡衍生物	AtlasG-1702	非离子	5.0
单硬脂酸甘油酯	Aldo 28	非离子	5.5
二乙二醇脂肪酸酯	Emcol DM-50	非离子	5.6
甲基葡萄糖苷倍半硬脂酸酪	Glucate-SS	非离子	6.0
二乙二醇单月桂酸酯	Glaurin	非离子	6.5
失水山梨醇单棕榈酸酯	Span 40	非离子	6.7
聚氧乙烯二油酸酯	AtlasG-2242	非离子	7.5
聚氧丙烯硬脂酸酯	Atlas G-3608	非离子	8.0
失水山梨醇月桂酸酯	Span 20	非离子	8.6
聚氧乙烯氧丙烯油酸酯	Atbs G-2111	非离子	9.0
聚氧乙烯(4EO)失水山梨醇单硬脂酸酯	Tween 61	非离子	9.6
聚氧乙烯(20EO)失水山梨醇三硬脂酸酯	Tween 65	非离子	10.5
聚氧乙烯月桂醚	Atlas G-3705	非离子	10.8
聚氧乙烯单油酸酯	Atlas G-2142	非离子	11.1
聚氧乙烯单油酸酯	Atlas G-2141	非离子	11.4
聚氧乙烯单棕榈酸酯	Atlas G-2076	非离子	11.6
烷基芳基磺酸盐	Atlas G-3300	阴离子	11.7
聚氧乙烯单月桂酸酯	Atlas G-2127	非离子	12.8
聚氧乙烯烷基芳基醚	Atlas G-1690	非离子	13.0
混合脂肪酸和树脂酸的聚氧乙烯酯类	Renex 20	非离子	13.5
聚氧乙烯山梨醇羊毛脂衍生物	Atlas G-1441	非离子	14.0
聚氧乙烯失水山梨醇单月桂酸酯	Atlas G-7596j	非离子	14.9
聚氧乙烯单硬脂酸酯	Myrj 49	非离子	15.0
聚氧乙烯十八醇	Atlas G-3720	非离子	15.3
聚氧乙烯十六烷基醇	Atlas G-3820	非离子	15.7
聚氧乙烯单月桂酸酯	Atlas G-2129	非离子	16.3
聚氧乙烯油基醚	Atlas G-3930	非离子	16.6
聚氧乙烯单硬脂酸酯	Myrj 52	非离子	16.9
聚氧乙烯单硬脂酸酯	Myrj 53	非离子	17.9
油酸钠	—	阴离子	18.0
聚氧乙烯单硬脂酸酯	Atlas G-2159	非离子	18.8
油酸钾	—	阴离子	20.0
N-十六烷基-*N*-乙基吗啉基乙基硫酸钠	Atlas G-263	阳离子	25-30
纯月桂基硫酸钠	Texapon K-12	阴离子	40

附录9 一些聚合物的溶剂和沉淀剂（非溶剂）

聚合物	溶剂	沉淀剂
聚丁二烯	脂肪烃、芳烃、卤代烃、四氢呋喃、高级酮和酯	醇、水、丙酮、硝基甲烷
聚乙烯	甲苯、二甲苯、十氢化萘、四氢化萘	醇、丙酮、邻苯二甲酸二甲酯
聚丙烯	环己烷、二甲苯、十氢化萘、四氢化萘	醇、丙酮、邻苯二甲酸二甲酯
聚丙烯酸甲酯	丙酮、丁酮、苯、甲苯、四氢呋喃	甲醇、乙醇、水
聚甲基丙烯酸甲酯	丙酮、丁酮、苯、甲苯、四氢呋喃	甲醇、石油醚、己烷、环己烷、水
聚乙烯醇	水、乙二醇(热)	丙酮、丙醇、饱和烃类、卤代烃
聚氯乙烯	丙酮、环己酮、四氢呋喃	醇、乙烷、氯乙烷、水
聚四氟乙烯	全氟煤油	大多数溶剂
聚丙烯腈	*N*,*N*-二甲基甲酰胺、乙酸酐	饱和烃类、卤代烃、醇、酮
聚乙酸乙烯酯	苯、甲苯、氯仿、二氧六环、丙酮、四氢呋喃	无水乙醇、己烷、环己烷
聚苯乙烯	苯、甲苯、环己烷、氯仿、四氢呋喃、苯乙烯	醇、酚、己烷
聚氧化丙烯	苯、甲苯、甲醇、乙醇、丙酮、四氢呋喃	水
聚对苯二甲酸乙二酯	苯酚、硝基苯(热)、浓硫酸	醇、酮、醚、烃类
聚氨酯	苯酚、甲酸、*N*,*N*-二甲基甲酰胺	饱和烃、醇、醚
聚硅氧烷	苯、甲苯、氯仿、环己酮、四氢呋喃	甲醇、乙醇、溴苯
聚酰胺	苯酚、甲基苯酚、甲酸、苯甲醇(热)	烃、脂肪醇、酮、醚、酯
三聚氰胺甲醛树脂	吡啶、甲醛水溶液、甲酸	大部分有机溶剂
酚醛树脂	烃、酮、酯、乙醚	醇、水

附录10 几种引发剂的链转移常数 C_I

单体	引发剂	温度/℃	链转移常数 C_I
苯乙烯	过氧化苯甲酰	60	0.101
		70	0.12
		80	0.13
	偶氮二异丁腈	50	0
		60	0.012
甲基丙烯酸甲酯	过氧化苯甲酰	60	0
	偶氮二异丁腈	60	0
顺丁烯二酸酐	过氧化苯甲酰	75	2.63
		60	0.09
	2,4-二氯过氧化苯甲酰	60	0.17

附录11 几种溶剂（或调节剂）的链转移常数（60℃）

溶剂(调节剂)	苯乙烯	甲基丙烯酸甲酯	乙酸乙烯酯
苯	0.018×10^{-4}	0.04×10^{-4}	1.07×10^{-4}
甲苯	0.125×10^{-4}	0.17×10^{-4}	20.9×10^{-4}
乙苯	0.67×10^{-4}	1.35×10^{-4}	55.2×10^{-4}
环己烷	0.024×10^{-4}	0.10×10^{-4}	7.0×10^{-4}
二氯甲烷	0.15×10^{-4}	0.76×10^{-4}	4.0×10^{-4}
三氯甲烷	0.5×10^{-4}	0.45×10^{-4}	0.0125
四氯化碳	92×10^{-4}	5×10^{-4}	0.96
正丁硫醇	22	0.67	约50
正十二硫醇	19		

附录12 在均聚反应中单体的链转移常数 C_M

单体	温度/℃	链转移常数 $C_M\times10^4$	单体	温度/℃	链转移常数 $C_M\times10^4$
苯乙烯	27	0.31	甲基丙烯酸甲酯	80	0.25
	50	0.62		100	0.38
	60	0.79	丙烯腈	60	0.26
	70	1.16	氯乙烯	60	12.3
	90	1.47	顺丁烯二酸酐	75	750
甲基丙烯酸甲酯	50	0.15	乙酸乙烯酯	50	0.25
	60	0.18		60	2.5
	70	0.23			

附录13 常用单体的精制

1. 甲基丙烯酸甲酯

纯净的甲基丙烯酸甲酯（MMA）为无色透明的液体，沸点为100.3℃，密度 d_4^{20} = 0.937g·cm^{-3}，折射率 n_D^{20}=1.4138。商品MMA中常含阻聚剂对苯二酚而呈现黄色，其精制方法如下：

取150mL MMA于250mL分液漏斗中，用5%～10%的氢氧化钠水溶液洗涤数次，直到无色（每次用量约30mL），再用去离子水洗至中性，以无水硫酸钠干燥，然后在氢化钙存在下进行减压蒸馏，收集46℃/13.3kPa馏分。

表1 甲基丙烯酸甲酯在不同压力下的沸点

压力/kPa	3.19	4.66	7.05	10.77	16.49	25.14	37.11	50.80	72.75	101.08
(mmHg)	24	35	53	81	124	189	279	397	547	760
沸点/℃	10	20	30	40	50	60	70	80	90	100.6

2. 乙酸乙烯酯

乙酸乙烯酯主要有两条合成路线，一是采用乙炔气相法生产的乙酸乙烯酯。副产物种类很多，其中对乙酸乙烯酯聚合反应影响较大的物质有：乙醛、巴豆醛、乙烯基乙炔、二乙烯基乙炔等。另一条路线是以乙烯为原料，乙烯先与乙酸反应生成乙酸乙烯，再以氯化钯为催化剂，通入氧气进行催化氧化，生成醋酸乙烯酯。由于乙炔气相法耗电大，目前已逐步被以乙烯为原料的氧氯化法所代替。

纯净的乙酸乙烯酯为无色透明的液体，沸点为72.5℃，密度 $d_4^{20}=0.9342\text{g}\cdot\text{cm}^{-3}$，折射率 $n_D^{20}=1.3956$。在水中溶解度为2.5%（20℃），可与醇混溶。通常在单体中加入0.01%～0.03%的阻聚剂对苯二酚，以防止单体自聚。乙酸乙烯酯的精制方法如下：

取200mL的乙酸乙烯酯于500mL的分液漏斗中，用饱和亚硫酸氢钠溶液洗涤三次（每次用量约为50mL），水洗三次（每次用量约为50mL）后，再用饱和碳酸钠溶液洗涤三次（每次用量约为50mL），然后用去离子水洗涤至中性，最后将乙酸乙烯酯放入500mL磨口锥形瓶中，用无水硫酸钠干燥，过夜。将经过洗涤和干燥的乙酸乙烯酯，在装有韦氏蒸馏头的精馏装置上进行精馏（为了防止暴沸和自聚可在蒸馏瓶中加一粒沸石及少量的对苯二酚）。收集71.8～72.5℃之间的馏分。

3. 苯乙烯

纯净的苯乙烯为无色或浅黄色透明液体，沸点为145.2℃，密度 $d_4^{20}=0.9060\text{g}\cdot\text{cm}^{-3}$，折射率 $n_D^{20}=1.5469$。商品苯乙烯为防止自聚，一般加入阻聚剂，因而呈黄色。常用的阻聚剂有对苯二酚等，同时在贮存过程中苯乙烯还可能溶入水分和空气，这些在聚合前必须除去。苯乙烯的精制方法如下：

取150mL苯乙烯于250mL分液漏斗中，用5%～10%氢氧化钠水溶液洗涤数次，直到无色（每次用量约30mL），再用去离子水洗至中性，以无水氯化钙干燥，然后在氢化钙存在下进行减压蒸馏，收集44～45℃/2.26 kPa或58～59℃/5.32 kPa的馏分。

表2 苯乙烯在不同压力下的沸点

压力/kPa	0.67	1.33	2.66	5.32	7.98	13.30	26.60	53.20	101.08
(mmHg)	5	10	20	40	60	100	200	400	760
沸点/℃	18	30.8	44.6	59.8	69.5	82.1	101.4	122.6	145.2

4. 丙烯腈

纯净的丙烯腈为无色透明液体，沸点为77.3℃，密度 $d_4^{20}=0.8061\text{g}\cdot\text{cm}^{-3}$，折射率 $n_D^{20}=1.3911$，在水中溶解度为7.3%（20℃）。其精制方法如下：

取250mL工业丙烯腈放入500mL蒸馏瓶中进行常压蒸馏，收集76～78℃的馏分。将此馏分用无水氯化钙干燥3 h后，过滤至装有分馏装置的蒸馏瓶中，加几滴高锰酸钾溶液进行分馏，收集77～77.5℃的馏分，得到精制的丙烯腈，在高纯氮保护下密闭避光保存备用。

注意：丙烯腈有剧毒，所有操作应在通风橱中进行，操作过程必须仔细，绝对不能进入口内或接触皮肤。仪器装置要严密，毒气应排出室外，残渣要用大量水冲掉。

附录 14　引发剂的精制

1. 过氧化苯甲酰

过氧化苯甲酰（BPO）可由苯甲酰氯在碱性溶液内用双氧水氧化合成。为白色结晶性粉末，熔点 103～106℃（分解），溶于乙醚、丙酮、氯仿和苯，易燃烧，受撞击、热、摩擦时会爆炸。BPO 在不同溶剂中的溶解度见表 1。

常规试剂级 BPO 由于长期保存可能存在部分分解，且本身纯度不高，因此在用于聚合前需进行精制。BPO 的提纯常采用重结晶法，具体方法如下：

室温下在 100mL 烧杯中加入 5g BPO 和 20mL 氯仿，慢慢搅拌使之溶解，过滤，滤液直接调入 50mL 用冰盐冷却的甲醇中，则有白色针状结晶生成。用布氏漏斗过滤，再用冷的甲醇洗涤三次，每次用甲醇 5mL，抽干。反复重结晶二次后，将半固体结晶物置于真空干燥器中干燥，称量。产品放在棕色瓶中，保存于干燥器中备用。

重结晶时要注意溶解温度过高会发生爆炸，因此操作温度不宜过高。如考虑甲醇有毒，可用乙醇代替，但丙酮和乙醚对过氧化苯甲酰有诱发分解作用，故不适合作重结晶的溶剂。

表 1　过氧化苯甲酰的溶解度（20℃）

溶剂	溶解度/g·$100mL^{-1}$	溶剂	溶解度/g·$100mL^{-1}$
石油醚	0.5	丙酮	14.6
甲醇	1.0	苯	16.4
乙醇	1.5	氯仿	31.6
甲苯	11.0		

2. 偶氮二异丁腈

偶氮二异丁腈（AIBN）可通过丙酮、水合肼和氢氰酸反应或由丙酮、硫酸肼和氰化钠反应后再经氧化制得。为白色晶体，熔点 102～104℃，有毒，溶于乙醇、乙醚、甲苯和苯胺等，易燃。AIBN 是一种广泛应用的引发剂，其精制方法如下：

在装有回流冷凝管的 150mL 锥形瓶中加入 95％的乙醇 50mL，在水浴上加热至接近沸腾，迅速加入 AIBN 5g，摇荡使其全部溶解（注意如煮沸时间长，AIBN 会发生严重分解），热溶液迅速抽滤（过滤所用吸滤瓶和漏斗必须预热），滤液冷却后得到白色晶体 AIBN，产品置于真干燥箱中干燥，称量，在棕色瓶中低温保存备用。

3. 过硫酸钾和过硫酸铵

过硫酸钾由过硫酸铵溶液加氢氧化钾或碳酸钾溶液加热去氨和二氧化碳而制得晶体，白色晶体，相对密度 2.477，在 100℃下分解，溶于水，有强氧化性。过硫酸铵由浓硫酸铵溶液电解后结晶而制得。无色单斜晶体，有时略带浅绿色。相对密度 1.982，在 120℃下分解，溶于水，有强氧化性。

过硫酸盐中主要杂质是硫酸氢钾（或铵）和硫酸钾（或铵），可用少量的水反复重结晶进行精制。具体方法是将过硫酸盐在 40℃溶解过滤，滤液用水冷却，过滤出结晶，并以冰水洗涤，用 $BaCl_2$ 溶液检验无 SO_4^{2-} 为止。将白色晶体置于真空干燥器中干燥、称量，在棕色瓶中低温保存备用。

4. 四氯化钛

四氯化钛可由二氧化钴、碳粉和淀粉调和后，在 600℃时通入氯气制得。为无色或淡黄色液体。相对密度 1.726，熔点 −25℃，沸点 136.4℃。在潮湿空气中分解为二氧化钛和氯化氢，并有烟雾生成。四氯化钛中常含 $FeCl_2$，可加入少量铜粉，加热与之作用，过滤，滤液减压蒸馏。

5. 三氟化硼乙醚配位化合物

三氟化硼乙醚配位化合物 $[BF_3(CH_3CH_2)]_2$ 为无色透明液体。接触空气易被氧化，使色泽变深。可用减压蒸馏精制。具体方法是在 500mL 商品三氟化硼乙醚液中加入 10mL 乙醚和 2g 氢化钙进行减压蒸馏。沸点 46℃，1.33kPa (10mmHg)。折射率 $n_D^{20}=1.348$。